Algebra is an extremely im[portant topic. Learning] about the advanced algebra [requires the basic of] it. This is the reason why this book was written. Learning Mathematics is an easy thing if we follow the right step in learning it. However, many readers feel like Mathematics is the hardest subject in high school. This is because they don't know how to study it. This book will help the readers step by step, from the basic to advanced algebra. After reading this book, we really believe that the readers will change their mind from hating Algebra to loving it. We believe that they will think Algebra is easy like $1+1=2$.

This book has 8 chapters. They are:

Chapter 1: Operations on Numbers

Chapter 2: Polynomials

Chapter 3: Basic Algebraic Identities

Chapter 4: Methods in Factorization

Chapter 5: Square Roots

Chapter 6: Linear Equations in One Variable

Chapter 7: Linear Inequalities in One Variable

Chapter 8: Solving Quadratic Equations By Using Discriminant

In each chapter, we presented exercises and their full solutions. We do not provide only the answers to the readers because we want the readers understand clearly about how to use the knowledge that they have learnt from each chapter. Moreover, we also have workbook for this series since we want the readers to discover the answers by their own.

We hope the readers enjoy learning Algebra from this book.

Spend less time but gain many techniques in doing Algebra!

Contents

Chapter I. Operations on Numbers	3
1. Basic Laws of Addition and Multiplication	3
2. Sums That Appeared In Most Competitions	3
Chapter II. Polynomials	11
1. Monomials	11
2. Polynomials	13
Exercises	17
Solutions	19
Chapter III. Basic Algebraic Identities	23
Exercises	31
Solutions	33
Chapter IV. Methods in Factorization	39
1. Basic in Factorization	39
2. Factoring Quadratics	40
Exercises	45
Solutions	49
Chapter V. Square Roots	65
1. Absolute Value	65
2. Square Roots	65
3. Properties of Square Roots	67
4. Comparing Radical	69
5. Rationalize the Denominator	70
6. Fraction in Form $\frac{?}{\sqrt[n]{a}}$	70
7. Simplify Expressions in Form $\sqrt{a+2\sqrt{b}}$	73
Exercises	77
Solutions	83

Chapter VI. Linear Equations in One Variable	105
1. Defintions	105
2. Operation Properties of Equality	106
3. How to Solve It	106
Exercises	111
Solutions	113
Chapter VII. Linear Inequalities With One Variable	117
1. Defintion	117
2. Properties of Inequality	117
3. How To Solve It	117
Chapter VIII. Solving Quadratic Equations By Using Discriminant	123
1. Definition	123
2. How To Solve It	123
Exercises	133
Solutions	135
Selection Problems	141
Solutions	145

CHAPTER I

Operations on Numbers

1. Basic Laws of Addition and Multiplication

1.1. Commutative Law. For all real numbers a and b, we obtain
$$a+b = b+a$$
$$ab = ba$$

1.2. Associative Law. For all real numbers a, b and c, we obtain
$$(a+b)+c = a+(b+c) = a+b+c$$
$$(ab)c = a(bc) = abc$$

1.3. Distributive Law. For all real numbers a, b and c, we obtain
$$a(b+c) = (b+c)a = ab+ac$$

Notice that subtraction and division are derived from addition and multiplication respectively.

That is, $a-b = a+(-b)$ and $\dfrac{a}{b} = a \times \dfrac{1}{b}$.

Example 1:
Show that $(a+b)(c+d) = ac+ad+bc+bd$ for all real numbers a, b, c and d.
Proof:
Show that $(a+b)(c+d) = ac+ad+bc+bd$.
Using distributive law, it implies that
$$(a+b)(c+d) = (a+b)c + (a+b)d$$
$$= ac+bc+ad+bd.$$

2. Sums That Appeared In Most Competitions

> The identities that are used in the following proofs:
> (1) $(k+1)^3 = k^3 + 3k^2 + 3k + 1$;
> (2) $(k+1)^4 = k^4 + 4k^3 + 6k^2 + 4k + 1$.
>
> The readers should prove the above identities by themselves. It can be done by using the distributive law.

Example 1:
Compute $S = 1+2+3+...+n$.

Solution:
Compute S.
We have $\begin{cases} S = 1 + 2 + 3 + \ldots + (n-1) + n \\ S = n + (n-1) + \ldots + 2 + 1 \end{cases}$.

Adding the equalities, we obtain $2S = \underbrace{(n+1) + (n+1) + \ldots + (n+1)}_{n \text{ terms}} = n(n+1)$.

Consequently, $S = \dfrac{n(n+1)}{2}$.

Example 2:
Compute $S = 1^2 + 2^2 + 3^2 + \ldots + n^2$.

Solution:
Observe that $(k+1)^3 = k^3 + 3k^2 + 3k + 1$ or $(k+1)^3 - k^3 = 3k^2 + 3k + 1$.
It implies that

$$2^3 - 1^3 = 3(1^2) + 3(1) + 1;$$
$$3^3 - 2^3 = 3(2^2) + 3(2) + 1;$$
$$4^3 - 3^3 = 3(3^2) + 3(3) + 1;$$
$$\vdots$$
$$(n+1)^3 - n^3 = 3(n^2) + 3(n) + 1.$$

Adding the equalities, it follows that

$$(n+1)^3 - 1 = 3(1^2 + 2^2 + 3^2 + \ldots + n^2) + 3(1 + 2 + 3 + \ldots + n) + n$$
$$(n+1)^3 - 1 = 3S + \frac{3n(n+1)}{2} + n$$

$$\begin{aligned}
3S &= (n+1)^3 - \frac{3n(n+1)}{2} - (n+1) \\
&= (n+1)\left[(n+1)^2 - \frac{3n}{2} - 1\right] \\
&= (n+1)\left[\frac{2(n+1)^2 - 3n - 2}{2}\right] \\
&= (n+1)\left[\frac{2(n^2 + 2n + 1) - 3n - 2}{2}\right] \\
&= (n+1)\left(\frac{2n^2 + 4n + 2 - 3n - 2}{2}\right) \\
&= \frac{(n+1)(2n^2 + 4n + 2 - 3n - 2)}{2} \\
&= \frac{(n+1)(2n^2 + n)}{2} \\
&= \frac{n(n+1)(2n+1)}{2}.
\end{aligned}$$

Thus, $S = \dfrac{n(n+1)(2n+1)}{6}$.

Example 3:
Compute $S = 1^3 + 2^3 + 3^3 + \ldots + n^3$.
Solution:
Compute S.
Observe that
$$(k+1)^4 = k^4 + 4k^3 + 6k^2 + 4k + 1$$
or
$$(k+1)^4 - k^4 = 4k^3 + 6k^2 + 4k + 1.$$

It follows that
$$2^4 - 1^4 = 4(1^3) + 6(1^2) + 4(1) + 1;$$
$$3^4 - 2^4 = 4(2^3) + 6(2^2) + 4(2) + 1;$$
$$4^4 - 3^4 = 4(3^3) + 6(3^2) + 4(3) + 1;$$
$$\vdots$$
$$(n+1)^4 - n^4 = 4(n^3) + 6(n^2) + 4(n) + 1.$$

Adding the equalities, we obtain
$$(n+1)^4 - 1 = 4\left(1^3 + 2^3 + 3^3 + \ldots + n^3\right) + 6\left(1^2 + 2^2 + 3^2 + \ldots + n^2\right)$$
$$+ 4(1 + 2 + 3 + \ldots + n) + n$$
$$(n+1)^4 - 1 = 4S + \dfrac{6n(n+1)(2n+1)}{6} + \dfrac{4n(n+1)}{2} + n$$
$$(n+1)^4 - 1 = 4S + n(n+1)(2n+1) + 2n(n+1) + n$$
$$4S = (n+1)^4 - n(n+1)(2n+1) - 2n(n+1) - (n+1)$$
$$= (n+1)\left[(n+1)^3 - n(2n+1) - 2n - 1\right]$$
$$= (n+1)\left(n^3 + 3n^2 + 3n + 1 - 2n^2 - n - 2n - 1\right)$$
$$= (n+1)\left(n^3 + n^2\right)$$
$$= n^2(n+1)(n+1)$$
$$= [n(n+1)]^2.$$

Therefore, $S = \left[\dfrac{n(n+1)}{2}\right]^2$.

Example 4:
Compute $S = \dfrac{1}{1 \times 2} + \dfrac{1}{2 \times 3} + \dfrac{1}{3 \times 4} + \ldots + \dfrac{1}{n(n+1)}$.
Solution:

Observe that $\dfrac{1}{k(k+1)} = \dfrac{k+1-k}{k(k+1)} = \dfrac{k+1}{k(k+1)} - \dfrac{k}{k(k+1)} = \dfrac{1}{k} - \dfrac{1}{k+1}.$

It implies that

$$\dfrac{1}{1 \times 2} = 1 - \dfrac{1}{2};$$
$$\dfrac{1}{2 \times 3} = \dfrac{1}{2} - \dfrac{1}{3};$$
$$\dfrac{1}{3 \times 4} = \dfrac{1}{3} - \dfrac{1}{4};$$
$$\vdots$$
$$\dfrac{1}{n(n+1)} = \dfrac{1}{n} - \dfrac{1}{n+1}.$$

Adding the equalities, we obtain $S = 1 - \dfrac{1}{n+1} = \dfrac{n+1-1}{n+1} = \dfrac{n}{n+1}.$

Example 5:

Evaluate the following sums:

(1) $S_1 = 1 + \dfrac{1}{1+2} + \dfrac{1}{1+2+3} + \ldots + \dfrac{1}{1+2+\ldots+n};$

(2) $S_2 = \dfrac{1}{(1 \times 3)^2} + \dfrac{2}{(3 \times 5)^2} + \dfrac{3}{(5 \times 7)^2} + \ldots + \dfrac{n}{[(2n-1)(2n+1)]^2};$

(3) $S_3 = \dfrac{1^2}{1 \times 3} + \dfrac{2^2}{3 \times 5} + \dfrac{3^2}{5 \times 7} + \ldots + \dfrac{n^2}{(2n-1)(2n+1)}.$

Solution:

Compute:

(1) $S_1 = 1 + \dfrac{1}{1+2} + \dfrac{1}{1+2+3} + \ldots + \dfrac{1}{1+2+\ldots+n}$

Using $1+2+3+\ldots+n = \dfrac{n(n+1)}{2}$, it follows that

$$\dfrac{1}{1+2+3+\ldots+n} = \dfrac{1}{\frac{n(n+1)}{2}} = \dfrac{2}{n(n+1)}.$$

We have

$$S = 1 + \frac{2}{2(2+1)} + \frac{2}{3(3+1)} + \frac{2}{4(4+1)} + \ldots + \frac{2}{n(n+1)}$$

$$= 1 + 2\left[\frac{1}{2\times 3} + \frac{1}{3\times 4} + \frac{1}{4\times 5} + \ldots + \frac{1}{n(n+1)}\right]$$

$$= 1 + 2\left[\left(\frac{1}{2} - \frac{1}{3}\right) + \left(\frac{1}{3} - \frac{1}{4}\right) + \left(\frac{1}{4} - \frac{1}{5}\right) + \ldots + \left(\frac{1}{n} - \frac{1}{n+1}\right)\right]$$

$$= 1 + 2\left(\frac{1}{2} - \frac{1}{n+1}\right)$$

$$= 1 + 1 - \frac{2}{n+1}$$

$$= 2 - \frac{2}{n+1}$$

$$= \frac{2n+2-2}{n+1}$$

$$= \frac{2n}{n+1}.$$

(2) $S_2 = \dfrac{1}{(1\times 3)^2} + \dfrac{2}{(3\times 5)^2} + \dfrac{3}{(5\times 7)^2} + \ldots + \dfrac{n}{[(2n-1)(2n+1)]^2}$

Observe that $\dfrac{k}{[(2k-1)(2k+1)]^2} = \dfrac{1}{8}\left[\dfrac{1}{(2k-1)^2} - \dfrac{1}{(2k+1)^2}\right].$

Consequently,

$$\frac{1}{(1\times 3)^2} = \frac{1}{8}\left(\frac{1}{1^2} - \frac{1}{3^2}\right);$$

$$\frac{1}{(3\times 5)^2} = \frac{1}{8}\left(\frac{1}{3^2} - \frac{1}{5^2}\right);$$

$$\frac{1}{(5\times 7)^2} = \frac{1}{8}\left(\frac{1}{5^2} - \frac{1}{7^2}\right);$$

$$\vdots$$

$$\frac{n}{[(2n-1)(2n+1)]^2} = \frac{1}{8}\left[\frac{1}{(2n-1)^2} - \frac{1}{(2n+1)^2}\right].$$

Adding the equalities, we obtain

$$S = \frac{1}{8}\left[1 - \frac{1}{(2n+1)^2}\right]$$
$$= \frac{(2n+1)^2 - 1}{8(2n+1)^2}$$
$$= \frac{4n^2 + 4n + 1 - 1}{8(2n+1)^2}$$
$$= \frac{4n(n+1)}{8(2n+1)^2} = \frac{n(n+1)}{2(2n+1)^2}.$$

(3) $S_3 = \dfrac{1^2}{1 \times 3} + \dfrac{2^2}{3 \times 5} + \dfrac{3^2}{5 \times 7} + \ldots + \dfrac{n^2}{(2n-1)(2n+1)}$

Observe that $\dfrac{k^2}{(2k-1)(2k+1)} = \dfrac{1}{4}\left(\dfrac{k}{2k-1} + \dfrac{k}{2k+1}\right).$

We obtain

$$\frac{1^2}{1 \times 3} = \frac{1}{4}\left(\frac{1}{1} + \frac{1}{3}\right);$$
$$\frac{2^2}{3 \times 5} = \frac{1}{4}\left(\frac{2}{3} + \frac{2}{5}\right);$$
$$\frac{3^2}{5 \times 7} = \frac{1}{4}\left(\frac{3}{5} + \frac{3}{7}\right);$$
$$\vdots$$
$$\frac{n^2}{(2n-1)(2n+1)} = \frac{1}{4}\left(\frac{n}{2n-1} + \frac{n}{2n+1}\right).$$

8

Adding the equalities, it implies that

$$S_3 = \frac{1}{4}\left[1 + \left(\frac{1}{3}+\frac{2}{3}\right) + \left(\frac{2}{5}+\frac{3}{5}\right) + \ldots + \left(\frac{n-1}{2n-1}+\frac{n}{2n-1}\right) + \frac{n}{2n+1}\right]$$

$$= \frac{1}{4}\left(\underbrace{1+1+\ldots+1}_{n \text{ terms}} + \frac{n}{2n+1}\right)$$

$$= \frac{1}{4}\left(n + \frac{n}{2n+1}\right)$$

$$= \frac{1}{4}\left(\frac{2n^2+n+n}{2n+1}\right)$$

$$= \frac{1}{4}\left(\frac{2n^2+2n}{2n+1}\right)$$

$$= \frac{1}{4}\left[\frac{2n(n+1)}{2n+1}\right]$$

$$= \frac{n(n+1)}{2(2n+1)}.$$

CHAPTER II

Polynomials

1. Monomials

1.1. Definition. A monomial is a product of a number and a natural power of variables.
Example 1: $2x$, x^2, $4x^7$, $4xy$, and $9xyz^2t$ are monomials.
However, $\sqrt{x}$, $\dfrac{1}{x}$, and x^{-4} are not monomials.

★ **Note:**
Suppose that a is a constant. We can rewrite a as $a = ax^0$. That is, a is a monomial. In general, all constants are monomials.
The constant and variable parts of monomials are called coefficients and variables respectively.
Example 2:
$2x^3$ is a monomial with 2 is the coefficient and x is the variable.

1.2. Degree. Degree of a monomial is the sum of all exponents of each variable of the monomial.
Example 1:
Fill in the following table:

Monomials	Constants	Variables	Degrees
$3x^4$			
$-7xy$			
$\dfrac{1}{2}x^2yz$			
$4abc$			
$\sqrt{2}x^3y^4z^5$			

Solution:

Monomials	Constants	Variables	Degrees
$3x^4$	3	x	4
$-7xy$	-7	x, y	2
$\dfrac{1}{2}x^2yz$	$\dfrac{1}{2}$	x, y, z	4
$4abc$	4	a, b, c	3
$\sqrt{2}x^3y^4z^5$	$\sqrt{2}$	x, y, z	12

1.3. Like Terms. Two terms are like if they the same variable construction.
Example 1:

$7xyz$ and $10xyz$ are called like terms
$6x^4$ and $13x^4$ are called like terms.

Example 2:
Find like terms in the following expressions.
$$7x^2, 3x^7, 4abc, 5abc^2, 6x^7, \frac{1}{2}x^2, -13ab^2c, -\sqrt{2}abc.$$

Solution:
Like terms are:
$7x^2$ and $\frac{1}{2}x^2$
$3x^7$ and $6x^7$
$4abc$ and $-\sqrt{2}abc$.

1.4. Addition and Subtraction of Like Terms. To add or subtract two or more like terms, we add or subtract only the coefficients of each term and keep the variable parts the same.

Example 1:
Compute the following expressions:

(1) $2x + 7x$;

(2) $x^2 - 3x^2$;

(3) $6xyz + 7xyz$;

(4) $-11ax + 18ax$;

(5) $7xy + 8xy - 3xy$.

Solution:
Compute the following expressions:

(1) $2x + 7x = (2+7)x = 9x$.

(2) $x^2 - 3x^2 = (1-3)x^2 = -2x^2$.

(3) $6xyz + 7xyz = (6+7)xyz = 13xyz$.

(4) $-11ax + 18ax = (-11+18)ax = 7ax$.

(5) $7xy + 8xy - 3xy = (7+8-3)xy = 12xy$.

1.5. Multiplication of Monomials. Exponent Properties:
It is really important to know about exponent properties before we start multiplying monomials. Here are some exponent properties that we have to remember.

(1) $x^m \times x^n = x^{m+n}$;

(2) $\dfrac{x^n}{x^m} = x^{n-m}$, where $x \neq 0$;

(3) $(x^n)^m = x^{nm}$;

(4) $(x \times y)^n = x^n \times y^n$;

(5) $\left(\dfrac{x}{y}\right)^n = \dfrac{x^n}{y^n}$, where $y \neq 0$.

Example 1:
Compute the following expressions:

(1) $x^4 \times x^2$;

(2) $(x^2 y^2)^2$;

(3) $\dfrac{x^7 \times x^2}{x^6}$;

(4) $\dfrac{(xyz)^3}{xy^2 z^3}$.

Solution:
Compute the following expressions:

(1) $x^4 \times x^2 = x^{4+2} = x^6$.

(2) $(x^2 y^2)^2 = (x^2)^2 (y^2)^2 = x^4 y^4$.

(3) $\dfrac{x^7 \times x^2}{x^6} = x^{7+2-6} = x^3$.

(4) $\dfrac{(xyz)^3}{xy^2 z^3} = \dfrac{x^3 y^3 z^3}{xy^2 z^3} = x^2 y$.

Example 2:
Prove that $a^0 = 1$ for all $a \neq 0$.
Solution:
Observe that

$$\dfrac{a}{a} = 1 \quad \text{for all } a \neq 0$$
$$a^{1-1} = 1$$
$$a^0 = 1.$$

2. Polynomials

2.1. Definition. A polynomial is the sum of two or more monomials. Each monomial is called a term.

Example 1:
$3x^2 - 2x + 1$, $x^3 - 4x + 6$, $x^7 + 6x - 3$, $x + 1$ are polynomials.

2.2. Degree. Degree of a polynomials is the highest degree of its monomial.
Example 2:
$4x^3 - 2x + 1$ is a polynomial and its degree is 3.
Example 3:
Fill in the following table.

Polynomials	Variables	Degrees
$3x^7 - 5x + 1$		
$x^2yz + xyz + 1$		
$4x^3y - 3xy + 4x^5$		
$ab + bc - abc$		
$x^7y + xy^6 - 2$		

Solution:

Polynomials	Variables	Degrees
$3x^7 - 5x + 1$	x	7
$x^2yz + xyz + 1$	x, y, z	4
$4x^3y - 3xy + 4x^5$	x, y	5
$ab + bc - abc$	a, b, c	3
$x^7y + xy^6 - 2$	x, y	8

2.3. Operations on Polynomials. Addition and Subtraction of Polynomials
To add or subtract polynomials, we add or subtract like terms and arrange them in ascending order or descending order.
Example 1:
Given that $A = x^2 - 3x + 3$, $B = -2x^2 + 4x - 1$ and $C = 5x^2 - 1$.
Compute

(1) $A + B$;
(2) $A - C$;
(3) $A - B + C$.

Solution:
Compute

(1) $A + B$
We have

$$A + B = (x^2 - 3x + 3) + (-2x^2 + 4x - 1)$$
$$= x^2 - 3x + 3 - 2x^2 + 4x - 1$$
$$= x^2 - 2x^2 - 3x + 4x + 3 - 1$$
$$= -x^2 + x + 2.$$

(2) $A - C$
We have
$$\begin{aligned} A - C &= (x^2 - 3x + 3) - (5x^2 - 1) \\ &= x^2 - 3x + 3 - 5x^2 + 1 \\ &= x^2 - 5x^2 - 3x + 3 + 1 \\ &= -4x^2 - 3x + 4. \end{aligned}$$

(3) $A - B + C$
We have
$$\begin{aligned} A - B + C &= (x^2 - 3x + 3) - (-2x^2 + 4x - 1) + (5x^2 - 1) \\ &= x^2 - 3x + 3 + 2x^2 - 4x + 1 + 5x^2 - 1 \\ &= x^2 + 2x^2 + 5x^2 - 3x - 4x + 3 + 1 - 1 \\ &= 8x^2 - 7x + 3. \end{aligned}$$

Multiplication of Polynomials
To multiply two polynomials, we have to use distributive law that we have learnt in Chapter I. That is, $(a+b)(c+d) = ac + ad + bc + bd$. See the following examples.

Example 2:
Expand the following expressions:

(1) $(x+1)(x+7)$;

(2) $(x-1)(x+3)$;

(3) $(x-1)(x-6)$;

(4) $(x+1)(x+2)(x+3)$;

(5) $(x+1)(x+2)(x+3)(x+4)$.

Solution:
Expand the following expressions:

(1) $(x+1)(x+7)$
We have
$$\begin{aligned} (x+1)(x+7) &= x^2 + 7x + x + 7 \\ &= x^2 + 8x + 7. \end{aligned}$$

(2) $(x-1)(x+3)$
We have
$$\begin{aligned} (x-1)(x+3) &= x^2 + 3x - x - 3 \\ &= x^2 + 2x - 3. \end{aligned}$$

(3) $(x-1)(x-6)$
We have
$$(x-1)(x-6) = x^2 - 6x - x + 6$$
$$= x^2 - 7x + 6.$$

(4) $(x+1)(x+2)(x+3)$
We have
$$(x+1)(x+2)(x+3) = \left(x^2 + 2x + x + 2\right)(x+3)$$
$$= \left(x^2 + 3x + 2\right)(x+3)$$
$$= x^3 + 3x^2 + 3x^2 + 9x + 2x + 6$$
$$= x^3 + 6x^2 + 11x + 6.$$

(5) $(x+1)(x+2)(x+3)(x+4)$
We have
$$(x+1)(x+2)(x+3)(x+4)$$
$$= [(x+1)(x+2)][(x+3)(x+4)]$$
$$= \left(x^2 + 2x + x + 2\right)\left(x^2 + 4x + 3x + 12\right)$$
$$= \left(x^2 + 3x + 2\right)\left(x^2 + 7x + 12\right)$$
$$= x^4 + 7x^3 + 12x^2 + 3x^3 + 21x^2 + 36x + 2x^2 + 14x + 24$$
$$= x^4 + 10x^3 + 35x^2 + 50x + 24.$$

Exercises

1- Compute the following expressions:

    (1) $4x + 3x$;

    (2) $3x - 2x + 5x$;

    (3) $3x - 2(1-x) + 5x$;

    (4) $(3x + 4y) + (2x - y)$;

    (5) $3(x-y) + 4(y-x) + 5(2x-y)$;

    (6) $2(x+y) + 3(y-x) + 4y + 3x$;

    (7) $2(x+y+z) + 3(2x-y-z)$;

    (8) $4(x-y-z) + 3(z-y+x) - 2(2x-3y+4z)$.

2- Given that $A = x^4 + x^3 + x^2 + x + 1$, $B = 2x^4 + 3x^3 + 5x + 6$ and $C = 3x^3 + 5x - 12$. Compute

    (1) $A + B$;

    (2) $B + C$;

    (3) $C + A$;

    (4) $A + B + C$;

    (5) $A - B + C$;

    (6) $A + B - C$.

3- Expand the following expressions:

    (1) $(x+3)(x+4)$;

    (2) $(x+5)(x-6)$;

(3) $(x+1)(x+2)(x-3)$;

(4) $(x+y)(2x-y)$;

(5) $x(x+1)(x+2)(x+8)$.

4- Calculate the following expressions:
(1) $(x+1)(x+2)+(x+2)(x+3)$;

(2) $(x+1)(x^2+2)+(x^2+1)(x-1)$;

(3) $(x+5)(x-1)+(x+1)(x-10)$;

(4) $5(x+1)(x-3)+7x(3-x)$;

(5) $(1-x)(2-x)(3-x)+(4-x)(5-x)(6-x)$.

Solutions

1- Compute the following expressions:

(1) $4x + 3x = 7x$.

(2) $3x - 2x + 5x = 6x$.

(3) $3x - 2(1-x) + 5x = 3x - 2 + 2x + 5x = 10x - 2$.

(4) $(3x + 4y) + (2x - y) = 3x + 2x + 4y - y = 5x + 3y$.

(5)
$$3(x-y) + 4(y-x) + 5(2x-y) = 3x - 3y + 4y - 4x + 10x - 5y$$
$$= 3x - 4x + 10x - 3y + 4y - 5y$$
$$= 9x - 4y.$$

(6)
$$2(x+y) + 3(y-x) + 4y + 3x = 2x + 2y + 3y - 3x + 4y + 3x$$
$$= 2x - 3x + 3x + 2y + 3y + 4y$$
$$= 2x + 9y.$$

(7)
$$2(x+y+z) + 3(2x-y-z) = 2x + 2y + 2z + 6x - 3y - 3z$$
$$= 2x + 6x + 2y - 3y + 2z - 3z$$
$$= 8x - y - z.$$

(8)
$$4(x-y-z) + 3(z-y+x) - 2(2x-3y+4z)$$
$$= 4x - 4y - 4z + 3z - 3y + 3x - 4x + 6y - 8z$$
$$= 4x + 3x - 4x - 4y - 3y + 6y - 4z + 3z - 8z$$
$$= 3x - y - 9z.$$

2- Compute

(1) $A+B$
We have
$$\begin{aligned} A+B &= x^4+x^3+x^2+x+1+2x^4+3x^3+5x+6 \\ &= x^4+2x^4+x^3+3x^3+x^2+x+5x+1+6 \\ &= 3x^4+4x^3+x^2+6x+7. \end{aligned}$$

(2) $B+C$
We have
$$\begin{aligned} B+C &= 2x^4+3x^3+5x+6+3x^3+5x-12 \\ &= 2x^4+3x^3+3x^3+5x+5x+6-12 \\ &= 2x^4+6x^3+10x-6. \end{aligned}$$

(3) $C+A$
We have
$$\begin{aligned} C+A &= 3x^3+5x-12+x^4+x^3+x^2+x+1 \\ &= x^4+3x^3+x^3+x^2+5x+x-12+1 \\ &= x^4+4x^3+x^2+6x-11. \end{aligned}$$

(4) $A+B+C$
We have
$$\begin{aligned} &A+B+C \\ &= x^4+x^3+x^2+x+1+2x^4+3x^3+5x+6+3x^3+5x-12 \\ &= x^4+2x^4+x^3+3x^3+3x^3+x^2+x+5x+5x+1+6-12 \\ &= 3x^4+7x^3+x^2+11x-5. \end{aligned}$$

(5) $A-B+C$
We have
$$\begin{aligned} &A-B+C \\ &= \left(x^4+x^3+x^2+x+1\right)-\left(2x^4+3x^3+5x+6\right)+\left(3x^3+5x-12\right) \\ &= x^4+x^3+x^2+x+1-2x^4-3x^3-5x-6+3x^3+5x-12 \\ &= x^4-2x^4+x^3-3x^3+3x^3+x^2+x-5x+5x+1-6-12 \\ &= -x^4+x^3+x^2+x-17. \end{aligned}$$

(6) $A+B-C$

We have

$A+B-C$
$= (x^4+x^3+x^2+x+1) + (2x^4+3x^3+5x+6) - (3x^3+5x-12)$
$= x^4+x^3+x^2+x+1+2x^4+3x^3+5x+6-3x^3-5x+12$
$= x^4+2x^4+x^3+3x^3-3x^3+x^2+x+5x-5x+1+6+12$
$= 3x^4+x^3+x^2+x+19.$

3- Expand the following expressions:

(1) $(x+3)(x+4)$

We have
$$(x+3)(x+4) = x^2+4x+3x+12$$
$$= x^2+7x+12.$$

(2) $(x+5)(x-6)$

We have
$$(x+5)(x-6) = x^2-6x+5x-30$$
$$= x^2-x-30.$$

(3) $(x+1)(x+2)(x-3)$

We have
$$(x+1)(x+2)(x-3) = (x^2+2x+x+2)(x-3)$$
$$= (x^2+3x+2)(x-3)$$
$$= x^3-3x^2+3x^2-9x+2x-6$$
$$= x^3-7x-6.$$

(4) $(x+y)(2x-y)$

We have
$$(x+y)(2x-y) = 2x^2-xy+2xy-y^2$$
$$= 2x^2+xy-y^2.$$

(5) $x(x+1)(x+2)(x+8)$

We have
$$x(x+1)(x+2)(x+8) = (x^2+x)(x^2+8x+2x+16)$$
$$= (x^2+x)(x^2+10x+16)$$
$$= x^4+10x^3+16x^2+x^3+10x^2+16x$$
$$= x^4+11x^3+26x^2+16x.$$

4- Calculate the following expressions:

(1) $(x+1)(x+2)+(x+2)(x+3)$
We have
$$(x+1)(x+2)+(x+2)(x+3) = x^2+2x+x+2+x^2+3x+2x+6$$
$$= 2x^2+8x+8.$$

(2) $(x+1)(x^2+2)+(x^2+1)(x-1)$
We have
$$(x+1)(x^2+2)+(x^2+1)(x-1)$$
$$= x^3+2x+x^2+2+x^3-x^2+x-1$$
$$= x^3+x^3+x^2-x^2+2x+x+2-1$$
$$= 2x^3+3x+1.$$

(3) $(x+5)(x-1)+(x+1)(x-10)$
We have
$$(x+5)(x-1)+(x+1)(x-10)$$
$$= x^2-x+5x-5+x^2-10x+x-10$$
$$= 2x^2-5x-15.$$

(4) $5(x+1)(x-3)+7x(3-x)$
We have
$$5(x+1)(x-3)+7x(3-x)$$
$$= 5(x^2-3x+x-3)+21x-7x^2$$
$$= 5(x^2-2x-3)+21x-7x^2$$
$$= 5x^2-10x-15+21x-7x^2$$
$$= -2x^2+11x-15.$$

(5) $(1-x)(2-x)(3-x)+(4-x)(5-x)(6-x)$
We have
$$(1-x)(2-x)(3-x)+(4-x)(5-x)(6-x)$$
$$= (2-x-2x+x^2)(3-x)+(20-4x-5x+x^2)(6-x)$$
$$= (2-3x+x^2)(3-x)+(20-9x+x^2)(6-x)$$
$$= 6-2x-9x+3x^2+3x^2-x^3+120-20x-54x+9x^2+6x^2-x^3$$
$$= -2x^3+21x^2-85x+126.$$

CHAPTER III

Basic Algebraic Identities

0.1. Binomial Theorem Identities. For all real numbers a and b, we obtain the following identities:

(1) $(a+b)^2 = a^2 + 2ab + b^2$;
(2) $(a-b)^2 = a^2 - 2ab + b^2$;
(3) $(a+b)^3 = a^3 + 3a^2b + 3ab^2 + b^3$;
(4) $(a-b)^3 = a^3 - 3a^2b + 3ab^2 - b^3$.

Notice that we use the above identities to expand the power of an expressions.
Proof:

(1) $(a+b)^2 = a^2 + 2ab + b^2$
Observe that

$$\begin{aligned}(a+b)^2 &= (a+b)(a+b) \\ &= a^2 + ab + ab + b^2 \\ &= a^2 + 2ab + b^2.\end{aligned}$$

(2) $(a-b)^2 = a^2 - 2ab + b^2$
We have

$$\begin{aligned}(a-b)^2 &= [a+(-b)]^2 \\ &= a^2 + 2(a)(-b) + (-b)^2 \\ &= a^2 - 2ab + b^2.\end{aligned}$$

(3) $(a+b)^3 = a^3 + 3a^2b + 3ab^2 + b^3$
We have

$$\begin{aligned}(a+b)^3 &= (a+b)^2(a+b) \\ &= \left(a^2 + 2ab + b^2\right)(a+b) \\ &= a^3 + a^2b + 2a^2b + 2ab^2 + ab^2 + b^3 \\ &= a^3 + 3a^2b + 3ab^2 + b^3.\end{aligned}$$

(4) $(a-b)^3 = a^3 - 3a^2b + 3ab^2 - b^3$
Observe that
$$(a-b)^3 = [a+(-b)]^3$$
$$= a^3 + 3a^2(-b) + 3a(-b)^2 + (-b)^3$$
$$= a^3 - 3a^2b + 3ab^2 - b^3.$$

Example 1:
Expand the following expressions:

(1) $(x+1)^2$;
(2) $(x+2)^2$;
(3) $(x+3)^2$;
(4) $(x+4)^2$;
(5) $(x+5)^2$;
(6) $(x-1)^2$;
(7) $(x-2)^2$;
(8) $(x-3)^2$;
(9) $(x-4)^2$;
(10) $(x-5)^2$;

(11) $(x+1)^3$;
(12) $(x+2)^3$;
(13) $(x+3)^3$;
(14) $(x+4)^3$;
(15) $(x+5)^3$;
(16) $(x-1)^3$;
(17) $(x-2)^3$;
(18) $(x-3)^3$;
(19) $(x-4)^3$;
(20) $(x-5)^3$.

Solution:
Expand the expressions:

(1) $(x+1)^2$
We have
$$(x+1)^2 = x^2 + 2(x)(1) + 1^2$$
$$= x^2 + 2x + 1.$$

(2) $(x+2)^2$
We have
$$(x+2)^2 = x^2 + 2(x)(2) + 2^2$$
$$= x^2 + 4x + 4.$$

(3) $(x+3)^2$
We have
$$(x+3)^2 = x^2 + 2(x)(3) + 3^2$$
$$= x^2 + 6x + 9.$$

(4) $(x+4)^2$
We have
$$(x+4)^2 = x^2 + 2(x)(4) + 4^2$$
$$= x^2 + 8x + 16.$$

24

(5) $(x+5)^2$
We have
$$(x+5)^2 = x^2 + 2(x)(5) + 5^2$$
$$= x^2 + 10x + 25.$$

(6) $(x-1)^2$
We have
$$(x-1)^2 = x^2 - 2(x)(1) + 1^2$$
$$= x^2 - 2x + 1.$$

(7) $(x-2)^2$
We have
$$(x-2)^2 = x^2 - 2(x)(2) + 2^2$$
$$= x^2 - 4x + 4.$$

(8) $(x-3)^2$
We have
$$(x-3)^2 = x^2 - 2(x)(3) + 3^2$$
$$= x^2 - 6x + 9.$$

(9) $(x-4)^2$
We have
$$(x-4)^2 = x^2 - 2(x)(4) + 4^2$$
$$= x^2 - 8x + 16.$$

(10) $(x-5)^2$
We have
$$(x-5)^2 = x^2 - 2(x)(5) + 5^2$$
$$= x^2 - 10x + 25.$$

(11) $(x+1)^3$
We have
$$(x+1)^3 = x^3 + 3(x^2)(1) + 3(x)(1^2) + 1^3$$
$$= x^3 + 3x^2 + 3x + 1.$$

(12) $(x+2)^3$
We have
$$(x+2)^3 = x^3 + 3(x^2)(2) + 3(x)(2^2) + 2^3$$
$$= x^3 + 6x^2 + 12x + 8.$$

(13) $(x+3)^3$
We have
$$(x+3)^3 = x^3 + 3(x^2)(3) + 3(x)(3^2) + 3^3$$
$$= x^3 + 9x^2 + 27x + 27.$$

(14) $(x+4)^3$
We have
$$(x+4)^3 = x^3 + 3(x^2)(4) + 3(x)(4^2) + 4^3$$
$$= x^3 + 12x^2 + 48x + 64.$$

(15) $(x+5)^3$
We have
$$(x+5)^3 = x^3 + 3(x^2)(5) + 3(x)(5^2) + 5^3$$
$$= x^3 + 15x^2 + 75x + 125.$$

(16) $(x+1)^3$
We have
$$(x-1)^3 = x^3 - 3(x^2)(1) + 3(x)(1^2) - 1^3$$
$$= x^3 - 3x^2 + 3x - 1.$$

(17) $(x-2)^3$
We have
$$(x-2)^3 = x^3 - 3(x^2)(2) + 3(x)(2^2) - 2^3$$
$$= x^3 - 6x^2 + 12x - 8.$$

(18) $(x-3)^3$
We have
$$(x-3)^3 = x^3 - 3(x^2)(3) + 3(x)(3^2) - 3^3$$
$$= x^3 - 9x^2 + 27x - 27.$$

(19) $(x-4)^3$
We have
$$(x-4)^3 = x^3 - 3(x^2)(4) + 3(x)(4^2) - 4^3$$
$$= x^3 - 12x^2 + 48x - 64.$$

(20) $(x-5)^3$
We have
$$(x-5)^3 = x^3 - 3(x^2)(5) + 3(x)(5^2) - 5^3$$
$$= x^3 - 15x^2 + 75x - 125.$$

Practice:
Expand the following expressions:

(1) $(2x+1)^2$;
(2) $(2x+3)^2$;
(3) $(3x+2)^2$;
(4) $(4x+1)^2$;
(5) $(5x+3)^2$;
(6) $(2x-5)^2$;
(7) $(4x-1)^2$;
(8) $(2x-7)^2$;
(9) $(6x-2)^2$;
(10) $(7x-3)^2$;
(11) $(3x-1)^2$;
(12) $(2x+1)^3$;
(13) $(2x+3)^3$;
(14) $(3x+2)^3$;
(15) $(4x+1)^3$;
(16) $(5x+3)^3$;
(17) $(2x-5)^3$;
(18) $(4x-1)^3$;
(19) $(2x-7)^3$;
(20) $(6x-2)^3$;
(21) $(7x-3)^3$;
(22) $(3x-1)^3$.

0.2. Factoring Identities. For all real numbers a and b, we obtain the following factoring identities:
(1) $a^2 - b^2 = (a-b)(a+b)$;
(2) $a^3 - b^3 = (a-b)(a^2+ab+b^2)$;
(3) $a^3 + b^3 = (a+b)(a^2-ab+b^2)$.

Proof:
(1) $a^2 - b^2 = (a-b)(a+b)$
Observe that $(a-b)(a+b) = a^2 + ab - ab - b^2 = a^2 - b^2$.
(2) $a^3 - b^3 = (a-b)(a^2+ab+b^2)$
We have
$$(a-b)(a^2+ab+b^2) = a^3 + a^2b + ab^2 - a^2b - ab^2 - b^3$$
$$= a^3 - b^3.$$

(3) $a^3 + b^3 = (a+b)(a^2-ab+b^2)$
Observe that
$$(a+b)(a^2-ab+b^2) = a^3 - a^2b + ab^2 + a^2b - ab^2 + b^3$$
$$= a^3 + b^3.$$

The readers should memorize the above identities. They are the power tools in factorization.
The provided examples below will help the readers about how to use the Factoring Identities.
Example 1:
Factor the following expressions:

(1) $x^2 - 1$;
(2) $x^2 - 9^2$;
(3) $4x^2 - a^2$;
(4) $a^2 - (b+c)^2$;
(5) $(a+b)^2 - (c+d)^2$;
(6) $x^3 - 1$;
(7) $x^3 - 8$;
(8) $8x^3 - 27$;
(9) $27x^3 - 8$;
(10) $a^3x^3 - b^3$;
(11) $x^3 + 1$;
(12) $x^3 + 8$;

(13) $8x^3 + 27$;
(14) $27x^3 + 8$;

(15) $a^3 x^3 + b^3$.

Solution:

(1) $x^2 - 1$
We have $x^2 - 1 = x^2 - 1^2 = (x-1)(x+1)$.

(2) $x^2 - 9$
We have $x^2 - 9 = x^2 - 3^2 = (x-3)(x+3)$.

(3) $4x^2 - a^2$
We have $4x^2 - a^2 = 2^2 x^2 - a^2 = (2x)^2 - a^2 = (2x-a)(2x+a)$.

(4) $a^2 - (b+c)^2$
We have
$$a^2 - (b+c)^2 = [a - (b+c)][a + (b+c)]$$
$$= (a-b-c)(a+b+c).$$

(5) $(a+b)^2 - (c+d)^2$
We have
$$(a+b)^2 - (c+d)^2 = [(a+b) - (c+d)][(a+b) + (c+d)]$$
$$= (a+b-c-d)(a+b+c+d).$$

(6) $x^3 - 1$
We have
$$x^3 - 1 = x^3 - 1^3$$
$$= (x-1)\left[x^2 + (x)(1) + 1^2\right]$$
$$= (x-1)\left(x^2 + x + 1\right).$$

(7) $x^3 - 8$
We have
$$x^3 - 8 = x^3 - 2^3$$
$$= (x-2)\left[x^2 + (x)(2) + 2^2\right]$$
$$= (x-2)\left(x^2 + 2x + 4\right).$$

(8) $8x^3 - 27$
We have
$$8x^3 - 27 = 2^3 x^3 - 3^3$$
$$= (2x)^3 - 3^3$$
$$= (2x-3)\left[(2x)^2 + (2x)(3) + 3^2\right]$$
$$= (2x-3)\left(4x^2 + 6x + 9\right).$$

(9) $27x^3 - 8$
We have

$$\begin{aligned}27x^3 - 8 &= 3^3 x^3 - 2^3 \\ &= (3x)^3 - 2^3 \\ &= (3x-2)\left[(3x)^2 + (3x)(2) + 2^2\right] \\ &= (3x-2)\left(9x^2 + 6x + 4\right).\end{aligned}$$

(10) $a^3 x^3 - b^3$
We have

$$\begin{aligned}a^3 x^3 - b^3 &= (ax)^3 - b^3 \\ &= (ax-b)\left[(ax)^2 + (ax)b + b^2\right] \\ &= (ax-b)\left(a^2 x^2 + abx + b^2\right).\end{aligned}$$

(11) $x^3 + 1$
We have

$$\begin{aligned}x^3 + 1 &= x^3 + 1^3 \\ &= (x+1)\left[x^2 - (x)(1) + 1^2\right] \\ &= (x+1)\left(x^2 - x + 1\right).\end{aligned}$$

(12) $x^3 + 8$
We have

$$\begin{aligned}x^3 + 8 &= x^3 + 2^3 \\ &= (x+2)\left[x^2 - (x)(2) + 2^2\right] \\ &= (x+2)\left(x^2 - 2x + 4\right).\end{aligned}$$

(13) $8x^3 + 27$
We have

$$\begin{aligned}8x^3 + 27 &= 2^3 x^3 + 3^3 \\ &= (2x)^3 + 3^3 \\ &= (2x+3)\left[(2x)^2 - (2x)(3) + 3^2\right] \\ &= (2x+3)\left(4x^2 - 6x + 9\right).\end{aligned}$$

(14) $27x^3 + 8$
We have
$$27x^3 + 8 = 3^3 x^3 + 2^3$$
$$= (3x)^3 + 2^3$$
$$= (3x+2)\left[(3x)^2 - (3x)(2) + 2^2\right]$$
$$= (3x+2)\left(9x^2 - 6x + 4\right).$$

(15) $a^3 x^3 + b^3$
We have
$$a^3 x^3 + b^3 = (ax)^3 + b^3$$
$$= (ax+b)\left[(ax)^2 - (ax)b + b^2\right]$$
$$= (ax+b)\left(a^2 x^2 - abx + b^2\right).$$

Practice:
Factor the following expressions:

(1) $a^2 + 2ab + b^2 - c^2$;
(2) $x^2 + 2x + 1 - y^2$;
(3) $(2x+1)^2 - (3x-2)^2$;
(4) $(a+b)^2 - (2a-b)^2$;
(5) $(x+1)^3 - 8$;
(6) $(2x)^3 - 125$;
(7) $2x^3 - 16$;
(8) $8x^3 - 64$;
(9) $x^3 + 3x^2 + 3x - 7$;
(10) $(x+1)^3 + 8$;
(11) $(2x)^3 + 125$;
(12) $2x^3 + 16$;
(13) $8x^3 + 64$;
(14) $x^3 + 3x^2 + 3x + 9$.

Exercises

1- Simplify $P = (2+1)(2^2+1)(2^4+1)(2^8+1)(2^{16}+1)(2^{32}+1)$.

2- Factor the following expressions:
$$a^2(b-c) + b^2(c-a) + c^2(a-b).$$

3- Suppose that x, y and z are three real numbers that satisfy
$$\begin{cases} x^2 + 2y + 1 = 0 \\ y^2 + 2z + 1 = 0 \\ z^2 + 2x + 1 = 0 \end{cases}.$$
Find the value of $A = x^n + y^n + z^n$, where n is a positive integer.

4- For all real numbers x, y and z, prove the following identities:
- a- $(x+y)(y+z)(z+x) = (x+y+z)(xy+yz+zx) - xyz$;
- b- $(x+y+z)^2 = x^2 + y^2 + z^2 + 2(xy+yz+zx)$;
- c- $x^3 + y^3 + z^3 - 3xyz = (x+y+z)(x^2+y^2+z^2-xy-yz-zx)$.

5- Given three real numbers a, b and c such that $\dfrac{1}{a} + \dfrac{1}{b} + \dfrac{1}{c} = 0$ and $a+b+c = 1$. Compute $a^2 + b^2 + c^2$.

6- Let a, b and c be three distinct rational numbers. Prove that
$$\frac{1}{(a-b)^2} + \frac{1}{(b-c)^2} + \frac{1}{(c-a)^2}$$
is a square of a rational number.

7- Let a, b and c be three real number such that $a+b+c = 0$. Prove that
$$\left(\frac{a-b}{c} + \frac{b-c}{a} + \frac{c-a}{b} \right) \left(\frac{c}{a-b} + \frac{a}{b-c} + \frac{b}{c-a} \right) = 9.$$

Solutions

1- Simplify P.
We have
$$P = (2+1)(2^2+1)(2^4+1)(2^8+1)(2^{16}+1)(2^{32}+1)$$
$$= (2-1)(2+1)(2^2+1)(2^4+1)(2^8+1)(2^{16}+1)(2^{32}+1)$$
$$= (2^2-1)(2^2+1)(2^4+1)(2^8+1)(2^{16}+1)(2^{32}+1)$$
$$= (2^4-1)(2^4+1)(2^8+1)(2^{16}+1)(2^{32}+1)$$
$$= (2^8-1)(2^8+1)(2^{16}+1)(2^{32}+1)$$
$$= (2^{16}-1)(2^{16}+1)(2^{32}+1)$$
$$= (2^{32}-1)(2^{32}+1)$$
$$= 2^{64}-1.$$

2- Factor the following expressions:
We have
$$a^2(b-c)+b^2(c-a)+c^2(a-b)$$
$$= a^2b - a^2c + b^2c - ab^2 + c^2(a-b)$$
$$= (a^2b - ab^2) + (-a^2c + b^2c) + c^2(a-b)$$
$$= ab(a-b) - c(a^2-b^2) + c^2(a-b)$$
$$= ab(a-b) - c(a-b)(a+b) + c^2(a-b)$$
$$= (a-b)\left[ab - c(a+b) + c^2\right]$$
$$= (a-b)\left(ab - ac - bc + c^2\right)$$
$$= (a-b)\left[a(b-c) - c(b-c)\right]$$
$$= (a-b)(b-c)(a-c).$$

3- Find the value of $A = x^n + y^n + z^n$.
We have
$$\begin{cases} x^2 + 2y + 1 = 0 \\ y^2 + 2z + 1 = 0 \\ z^2 + 2x + 1 = 0 \end{cases}.$$

33

Adding the equalities, we obtain
$$(x^2+2x+1)+(y^2+2y+1)+(z^2+2z+1)=0$$
$$(x+1)^2+(y+1)^2+(z+1)^2=0.$$

It follows that $\begin{cases} x+1=0 \\ y+1=0 \\ z+1=0 \end{cases}$ or $x=y=z=-1$.

It implies that $A=(-1)^n+(-1)^n+(-1)^n$.
If n is an even number, we obtain $A=1+1+1=3$.
If n is an odd number, we obtain $A=-1-1-1=-3$.

4- Prove the identities:

a- $(x+y)(y+z)(z+x)=(x+y+z)(xy+yz+zx)-xyz$
We have

$(x+y)(y+z)(z+x)$
$= (xy+xz+y^2+yz)(z+x)$
$= xyz+x^2y+xz^2+x^2z+y^2z+xy^2+yz^2+xyz$
$= (x^2y+xy^2+xyz)+(xz^2+x^2z+xyz)+(y^2z+yz^2+xyz)-xyz$
$= xy(x+y+z)+xz(x+y+z)+yz(x+y+z)-xyz$
$= (x+y+z)(xy+yz+zx)-xyz.$

b- $(x+y+z)^2=x^2+y^2+z^2+2(xy+yz+zx)$
We have

$(x+y+z)^2=[(x+y)+z]^2$
$= (x+y)^2+2z(x+y)+z^2$
$= x^2+2xy+y^2+2zx+2yz+z^2$
$= x^2+y^2+z^2+2(xy+yz+zx).$

c- $x^3+y^3+z^3-3xyz=(x+y+z)(x^2+y^2+z^2-xy-yz-zx)$
We have

$x^3+y^3+z^3-3xyz$
$= x^3+3x^2y+3xy^2+y^3+z^3-3x^2y-3xy^2-3xyz$
$= (x+y)^3+z^3-3xy(x+y+z)$
$= (x+y+z)\left[(x+y)^2-z(x+y)+z^2\right]-3xy(x+y+z)$
$= (x+y+z)(x^2+2xy+y^2-xz-yz+z^2-3xy)$
$= (x+y+z)(x^2+y^2+z^2-xy-yz-zx).$

5- Compute $a^2+b^2+c^2$.
We have $\dfrac{1}{a}+\dfrac{1}{b}+\dfrac{1}{c}=0$. It follows that $\dfrac{ab+bc+ca}{abc}=0$ or $ab+bc+ca=0$.

34

From Problem 4-b, we obtain $(a+b+c)^2 = a^2+b^2+c^2+2(ab+bc+ca)$.
Since $a+b+c=1$, it implies that $1^2 = a^2+b^2+c^2+2(0)$.
Therefore, $a^2+b^2+c^2 = 1$.

6- Prove that $\dfrac{1}{(a-b)^2} + \dfrac{1}{(b-c)^2} + \dfrac{1}{(c-a)^2}$ is a square of a rational number.

Observe that

$$\dfrac{1}{(a-b)(b-c)} + \dfrac{1}{(b-c)(c-a)} + \dfrac{1}{(c-a)(a-b)}$$
$$= \dfrac{c-a+a-b+b-c}{(a-b)(b-c)(c-a)} = 0.$$

We obtain

$$\dfrac{1}{(a-b)^2} + \dfrac{1}{(b-c)^2} + \dfrac{1}{(c-a)^2}$$
$$= \dfrac{1}{(a-b)^2} + \dfrac{1}{(b-c)^2} + \dfrac{1}{(c-a)^2}$$
$$+ 2\left[\dfrac{1}{(a-b)(b-c)} + \dfrac{1}{(b-c)(c-a)} + \dfrac{1}{(c-a)(a-b)}\right]$$
$$= \left(\dfrac{1}{a-b} + \dfrac{1}{b-c} + \dfrac{1}{c-a}\right)^2.$$

Since a, b and c are rational numbers, $\dfrac{1}{a-b} + \dfrac{1}{b-c} + \dfrac{1}{c-a}$ is also a rational number.

Therefore, $\dfrac{1}{(a-b)^2} + \dfrac{1}{(b-c)^2} + \dfrac{1}{(c-a)^2}$ is a square of a rational number.

7- Prove that $\left(\dfrac{a-b}{c} + \dfrac{b-c}{a} + \dfrac{c-a}{b}\right)\left(\dfrac{c}{a-b} + \dfrac{a}{b-c} + \dfrac{b}{c-a}\right) = 9.$

We have
$$P = \frac{a-b}{c} + \frac{b-c}{a} + \frac{c-a}{b}$$
$$= \frac{ab(a-b) + bc(b-c) + ca(c-a)}{abc}$$
$$= \frac{ab(a-b) + b^2c - bc^2 + ac^2 - a^2c}{abc}$$
$$= \frac{ab(a-b) + (b^2c - a^2c) + (-bc^2 + ac^2)}{abc}$$
$$= \frac{ab(a-b) - c(a^2 - b^2) + c^2(a-b)}{abc}$$
$$= \frac{ab(a-b) - c(a-b)(a+b) + c^2(a-b)}{abc}$$
$$= \frac{(a-b)(ab - ac - bc + c^2)}{abc}$$
$$= \frac{(a-b)[a(b-c) - c(b-c)]}{abc}$$
$$= \frac{(a-b)(b-c)(a-c)}{abc}.$$

Moreover, $Q = \frac{c}{a-b} + \frac{a}{b-c} + \frac{b}{c-a}$.

Let $x = a-b, y = b-c$ and $z = c-a$. Since $a+b+c = 0$, it implies that
$$x - y = a - b - (b-c)$$
$$= a - b - b + c$$
$$= a + c - 2b = a + b + c - 3b = -3b.$$

Then $b = -\frac{x-y}{3}$.

Similarly, $a = -\frac{z-x}{3}$ and $c = -\frac{y-z}{3}$.

It follows that
$$Q = -\frac{y-z}{3x} - \frac{z-x}{3y} - \frac{x-y}{3z}$$
$$= -\frac{1}{3}\left(\frac{x-y}{z} + \frac{y-z}{x} + \frac{z-x}{y}\right)$$
$$= -\frac{(x-y)(y-z)(x-z)}{3xyz}$$
$$= \frac{(x-y)(y-z)(z-x)}{3xyz}$$
$$= \frac{(-3a)(-3b)(-3c)}{3(a-b)(b-c)(c-a)} = \frac{9abc}{(a-b)(b-c)(a-c)}.$$

36

We obtain $PQ = \dfrac{(a-b)(b-c)(a-c)}{abc} \times \dfrac{9abc}{(a-b)(b-c)(a-c)} = 9.$

CHAPTER IV

Methods in Factorization

1. Basic in Factorization

Factorization is a way that you put a sum of mathematical expression as a product.
Example 1:
Factor the following expressions:

(1) $a + ab$;

(2) $a^2 + a$;

(3) $ab + ac + ad$;

(4) $2x + 2y + 2z$;

(5) $ax + bx - 2x$.

Solution:
Factor the following expressions:

(1) $a + ab$
We have $a + ab = a(1 + b)$.
★ **Note:**
a is called the common factor of a and ab. That is, to factor an expression, we have to factor the common factor of each terms.
(2) $a^2 + a$
We have $a^2 + a = a(a + 1)$.
(3) $ab + ac + ad$
We have $ab + ac + ad = a(b + c + d)$.
(4) $2x + 2y + 2z$
We have $2x + 2y + 2z = 2(x + y + z)$.
(5) $ax + bx - 2x$
We have $ax + bx - 2x = x(a + b - 2)$.

Example 2:
Factor the following expressions:

(1) $3x - 3y + 6z$;

(2) $x(x - 2) - 3(x - 2)$;

(3) $ax + ay + bx + by$;

(4) $x^2 + 2x + 3x + 6$;

(5) $xyz + abxy$.

Solution:
Factor the following expressions:
- (1) $3x - 3y + 6z$
  We have $3x - 3y + 6z = 3(x - y + 2z)$.
- (2) $x(x - 2) - 3(x - 2)$
  We have $x(x - 2) - 3(x - 2) = (x - 2)(x - 3)$.
- (3) $ax + ay + bx + by$

  We have $ax + ay + bx + by = a(x + y) + b(x + y) = (x + y)(a + b)$.
- (4) $x^2 + 2x + 3x + 6$
  We have $x^2 + 2x + 3x + 6 = x(x + 2) + 3(x + 2) = (x + 2)(x + 3)$.
- (5) $xyz + abxy$
  We have $xyz + abxy = xy(z + ab)$.

2. Factoring Quadratics

A quadratic is a polynomial in form $ax^2 + bx + c$, where a, b, c are real numbers and $a \neq 0$.

To factor $ax^2 + bx + c$, we have to write it in form
$$ax^2 + bx + c = (a_1 x + b_1)(a_2 x + b_2).$$

Observe that
$$ax^2 + bx + c = (a_1 x + b_1)(a_2 x + b_2)$$
$$= a_1 a_2 x^2 + a_1 b_2 x + a_2 b_1 x + b_1 b_2$$
$$= a_1 a_2 x^2 + (a_1 b_2 + a_2 b_1) x + b_1 b_2.$$

We obtain $\begin{cases} a_1 a_2 = a \\ a_1 b_2 + a_2 b_1 = b \\ b_1 b_2 = c \end{cases}$. Then $\begin{cases} (a_1 b_2)(a_2 b_1) = ac \\ a_1 b_2 + a_2 b_1 = b \end{cases}$ or $\begin{cases} xy = ac \\ x + y = b \end{cases}$.

Thus, to factor a quadratic, we have to find two numbers x and y such that their product and their sum are ac and b respectively. Then we replace b by $x + y$ in $ax^2 + bx + c$. The following examples will introduce the readers step by step in factoring quadratics.

Example 1:
Factor the following expressions:
- (1) $x^2 - 4x + 3$;

- (2) $x^2 - 5x + 6$;

(3) $x^2 - 7x + 10$;

(4) $x^2 + 8x + 7$;

(5) $x^2 - 12x + 20$.

Solution:

Factor the following expressions:

(1) $x^2 - 4x + 3$

Obseve that $a = 1$, $b = -4$ and $c = 3$. Then $ac = 3$. We have to find two numbers x and y such that $xy = 3$ and $x + y = -4$.
To make it easier, we can list all pair of numbers such that $xy = 3$ and find the pair that satisfies $x + y = -4$.
See the list below:

$$\begin{array}{cc} 1 & 3 \\ -1 & -3 \end{array}$$

We see that -1 and -3 are the pair that satisfies the condition.
We obtain

$$\begin{aligned} x^2 - 4x + 3 &= x^2 - x - 3x + 3 \\ &= x(x - 1) - 3(x - 1) \\ &= (x - 1)(x - 3). \end{aligned}$$

(2) $x^2 - 5x + 6$

We have

$$\begin{aligned} x^2 - 5x + 6 &= x^2 - 2x - 3x + 6 \\ &= x(x - 2) - 3(x - 2) \\ &= (x - 2)(x - 3). \end{aligned}$$

(3) $x^2 - 7x + 10$

We have

$$\begin{aligned} x^2 - 7x + 10 &= x^2 - 2x - 5x + 10 \\ &= x(x - 2) - 5(x - 2) \\ &= (x - 2)(x - 5). \end{aligned}$$

(4) $x^2 + 8x + 7$

We have

$$\begin{aligned} x^2 + 8x + 7 &= x^2 + x + 7x + 7 \\ &= x(x + 1) + 7(x + 1) \\ &= (x + 1)(x + 7). \end{aligned}$$

(5) $x^2 - 12x + 20$
We have

$$x^2 - 12x + 20 = x^2 - 10x - 2x + 20$$
$$= x(x-10) - 2(x-10)$$
$$= (x-10)(x-2).$$

Example 2:
Factor the following expressions:

(1) $3a^2b - 18ab^2$;

(2) $x^2 - 11x + 24$;

(3) $x(x-4) - 5$;

(4) $6x^2 + 13x - 8$;

(5) $(a-3)^2 - (a-3)$;

(6) $x^2 - x - y^2 - y$.

Solution:
Factor the following expressions:

(1) $3a^2b - 18ab^2$
We have $3a^2b - 18ab^2 = 3ab(a - 6b)$.
(2) $x^2 - 11x + 24$
We have

$$x^2 - 11x + 24 = x^2 - 3x - 8x + 24$$
$$= x(x-3) - 8(x-3)$$
$$= (x-3)(x-8).$$

(3) $x(x-4) - 5$

We have

$$x(x-4) - 5 = x^2 - 4x - 5$$
$$= x^2 + x - 5x - 5$$
$$= x(x+1) - 5(x+1)$$
$$= (x+1)(x-5).$$

(4) $6x^2 + 13x - 8$

We have
$$6x^2 + 13x - 8 = 6x^2 + 16x - 3x - 8$$
$$= 2x(3x+8) - (3x+8)$$
$$= (3x+8)(2x-1).$$

(5) $(a-3)^2 - (a-3)$

We have
$$(a-3)^2 - (a-3) = (a-3)(a-3-1)$$
$$= (a-3)(a-4).$$

(6) $x^2 - x - y^2 - y$

We have
$$x^2 - x - y^2 - y = x^2 - y^2 - x - y$$
$$= (x-y)(x+y) - (x+y)$$
$$= (x+y)(x-y-1).$$

Example 3:
Factor the following expressions:

(1) $(x-y)(x-y+5) + 6$;

(2) $a^2 - 2ab + b^2 - 9$;

(3) $x^2 - (4a - 3b)x - 12ab$;

(4) $4(x-3y)^2 - 9(x-3y) + 5$;

(5) $x^2 + xy - 6y^2 + 5x + 35y - 36$.

Solution:
Factor the following expressions:

(1) $(x-y)(x-y+5) + 6$

Let $t = x - y$. We obtain
$$(x-y)(x-y+5) + 6 = t(t+5) + 6$$
$$= t^2 + 5t + 6$$
$$= t^2 + 2t + 3t + 6$$
$$= t(t+2) + 3(t+2)$$
$$= (t+2)(t+3)$$
$$= (x-y+2)(x-y+3).$$

43

(2) $a^2 - 2ab + b^2 - 9$
   We have
   $$a^2 - 2ab + b^2 - 9 = (a-b)^2 - 3^2$$
   $$= (a-b-3)(a-b+3).$$

(3) $x^2 - (4a - 3b)x - 12ab$
   We have
   $$x^2 - (4a - 3b)x - 12ab = x^2 - 4ax + 3bx - 12ab$$
   $$= x(x - 4a) + 3b(x - 4a)$$
   $$= (x - 4a)(x + 3b).$$

(4) $4(x - 3y)^2 - 9(x - 3y) + 5$
   Let $t = x - 3y$. We obtain
   $$4(x - 3y)^2 - 9(x - 3y) + 5 = 4t^2 - 9t + 5$$
   $$= 4t^2 - 4t - 5t + 5$$
   $$= 4t(t - 1) - 5(t - 1)$$
   $$= (t - 1)(4t - 5)$$
   $$= (x - 3y - 1)[4(x - 3y) - 5]$$
   $$= (x - 3y - 1)(4x - 12y - 5).$$

(5) $x^2 + xy - 6y^2 + 5x + 35y - 36$
   We have
   $$x^2 + xy - 6y^2 + 5x + 35y - 36$$
   $$= x^2 + xy + 5x - 6y^2 + 35y - 36$$
   $$= x^2 + (y + 5)x - (6y^2 - 35y + 36)$$
   $$= x^2 + (y + 5)x - (6y^2 - 8y - 27y + 36)$$
   $$= x^2 + (y + 5)x - [2y(3y - 4) - 9(3y - 4)]$$
   $$= x^2 + (y + 5)x - (3y - 4)(2y - 9)$$
   $$= x^2 + (3y - 4)x - (2y - 9)x - (3y - 4)(2y - 9)$$
   $$= x(x + 3y - 4) - (2y - 9)(x + 3y - 4)$$
   $$= (x + 3y - 4)(x - 2y + 9).$$

Exercises

1- Factor the following expressions:

(1) $2x^4 + 8x$;

(2) $7b^3 + 21b$;

(3) $8ax^2 - 12a^2x^3$;

(4) $10x^3y^2 - 15xy^3$;

(5) $6x^2 - 9y^2$;

(6) $15x - 20y^2$;

(7) $4x^3 - 2x^2 + 14x$;

(8) $3a^4 + 9a^2 - 15$;

(9) $2x^3 + 3x^2 + 4x$;

(10) $9xy - 3x^2 + 4xy^2$;

(11) $8abc^2 - 4b^2c + 12a^2bc$;

(12) $6x^2yz + 2xy^2z - 4xyz$;

(13) $12x^4y^3t^2 - 4x^3yt^2 + 8x^2t - 16xy$;

(14) $a(x+1) + b(x+1)$;

(15) $z(y-3) + 2(y-3)$;

(16) $ab - 3a + 9b - 27$;

(17) $ab + 7a + 4b + 28$;

(18) $xy + 2x - 7y - 14$;

(19) $ap - 2pk + ya - 2yk$;

(20) $am - mb - an + nb$;

(21) $12xy + 15x + 4y + 5$;

(22) $2ab - 8a + 3b - 12$;

(23) $3ab + 12a - b - 4$;

(24) $xy - 8x - 3y + 24$.

2- Factor the following expressions:

(1) $at + bt + ct + 2a + 2b + 2c$;

(2) $ax + 2ay + 3az - 4x - 8y - 12z$;

(3) $ax + ay - az - bx - by + bz$;

(4) $y^2 - cy - ay + ac - by + bc$.

3- Factor the following expressions:

(1) $(x+y)^2 - z^2$;

(2) $(x+y)^2 - (z+t)^2$;

(3) $(x^2 - 2xy + y^2)^2 - t^2$;

(4) $(a+b)^2 - (a-b)^2$.

4- Find the value of a such that the following equalities hold.

(1) $4x^2 - 3ay^4 = (2x + 9y^2)(2x - 9y^2)$;

(2) $16x^2 + 5ay^4 = (4x + 5y^2)(4x - 5y^2)$.

5- Factor the following expressions:

(1) $x^2 - 16$;

(2) $y^2 - 121$;

(3) $y^2 - 1$;

(4) $4z^2 - 49$;

(5) $3a^2 - 12$;

(6) $25b^2 - 64$;

(7) $36x^4 - y^2$;

(8) $84x^2 - 21$;

(9) $3x^2 - 75$;

(10) $4m^2 - 144$;

(11) $8x^2 - 160x + 800$;

(12) $5x^2y^2 - 500$;

(13) $3t^2z^4 - 147$;

(14) $2xy^2 - 32x$;

(15) $3a^2b^4 - 192a^3$;

(16) $5ab^2 - 20a + 30b^2 - 120$;

(17) $4cx^2 - 4x - 12x^2 + 12$;

(18) $2xy^2 - 2x + 4y^2 - 4$.

6- Factor the following expressions:

(1) $9(x-1)^2 - 4(2x+3)^2$;

(2) $4(y+2)^2 - y^2$;

(3) $3(x+1) - x^2 - 2x - 1$;

(4) $(2x-5)^2 - 4x^2 + 25$;

(5) $16(x+3)^2 - (x-1)^2$;

(6) $x^3 - x$;

(7) $t^4 - 1$;

(8) $4x^2 - 16x$;

(9) $(x+1)^2 - (x^2-1) + 2x + 2$;

(10) $x^5 - x$;

(11) $x(y-1)^2 - 4x$.

7- Find the value of a such that $2x^3 + 3x^2 - 8x + 3 = (x-1)(2x^2 + ax - 3)$. Write $2x^3 + 3x^2 - 8x + 3$ as a product of three binomials.

8- Factor the following expressions:

(1) $x^2 + 5x + 4$;

(2) $x^2 + 5x + 6$;

(3) $t^2 + 8t + 15$;

(4) $x^2 - 10x + 9$;

(5) $t^2 - 11t + 28$;

(6) $x^2 + 7x - 8$;

(7) $x^2 + x - 6$;

(8) $x^2 + 11x - 12$;

(9) $b^2 + 6b - 7$;

(10) $x^2 + 3x - 4$;

(11) $y^2 - y - 12$;

(12) $y^2 - 2y - 35$;

(13) $n^2 - 4n - 12$;

(14) $a^2 - 3a - 18$;

(15) $x^2 - 6x - 7$;

(16) $5t^2 + 12t + 7$;

(17) $2x^2 + 13x - 7$;

(18) $2x^2 + 5x - 3$;

(19) $2a^2 + 24a + 70$;

(20) $3x^2 + 21x + 36$;

(21) $5a^2 - 15a - 90$;

(22) $2x^2 - 4x - 160$;

(23) $4bc^2 + 12bc - 40b$;

(24) $6xy^4 + 18xy^2 - 168x$.

9- Calculate the following expressions:

(1) $3x - \dfrac{x+2}{x}$;

(2) $\dfrac{2x-5}{3x} + 3x - 1$;

(3) $y + \dfrac{y-4}{3y+4}$;

(4) $a - 3 - \dfrac{5}{a+1}$;

(5) $b+5+\dfrac{5}{b-5}$;

(6) $3n+\dfrac{2n+3}{4n+5}$.

10- Find the value of a, b and c such that $\dfrac{2x^2-x+3}{x-1}=ax+b+\dfrac{c}{x-1}$.

11- Compute the following expressions:

(1) $\dfrac{6x-1}{81-x^2}-\dfrac{2x}{x+9}$;

(2) $\dfrac{10y-1}{100-y^2}-\dfrac{5y}{y+10}$;

(3) $\dfrac{11}{121-x^2}-\dfrac{x^2}{x+11}$;

(4) $\dfrac{t}{2(t+3)}-\dfrac{2}{3(t+3)}$;

(5) $\dfrac{4x+6}{(x+4)(x-4)}-\dfrac{4}{x+4}$;

(6) $\dfrac{4z+2}{16-z^2}+\dfrac{4}{z-4}$;

(7) $\dfrac{\frac{1}{x}-\frac{3}{y}}{\frac{4}{y}}$;

(8) $\dfrac{\frac{2}{x}+\frac{3}{y}}{-\frac{5}{x}}$;

(9) $\dfrac{\frac{1}{x}-\frac{1}{y}}{-\frac{6}{5y}}$;

(10) $\dfrac{\frac{4}{x}+5}{\frac{5}{y}}$;

(11) $\dfrac{\frac{8}{x}-9}{\frac{6}{y}}$;

(12) $\dfrac{\frac{4}{a^2}+\frac{b}{a}}{\frac{2}{a}-12}$;

(13) $\dfrac{\frac{3x}{x^2-49}+\frac{7}{x+7}}{\frac{1}{x-7}-\frac{7}{2x+14}}$;

(14) $\dfrac{\frac{2b}{b-4}-\frac{3}{b^2}}{\frac{5}{5b-20}+\frac{3}{4b^2-16b}}$;

(15) $\dfrac{\frac{1}{a+1}}{a-\frac{1}{a+\frac{1}{a}}}$;

(16) $\dfrac{2}{c+\dfrac{1}{1+\frac{c+1}{5-c}}}$.

12- Find the value of $A=\dfrac{2x^3-8x}{2x^3-8x^2+8x}$ for $x=2018$.

Solutions

1- Factor the following expressions:

(1) $2x^4 + 8x = 2x(x^3 + 4)$.

(2) $7b^3 + 21b = 7b(b^2 + 3)$.

(3) $8ax^2 - 12a^2x^3 = 4ax^2(2 - 3ax)$.

(4) $10x^3y^2 - 15xy^3 = 5xy^2(2x^2 - 3y)$.

(5) $6x^2 - 9y^2 = 3(2x^2 - 3y^2)$.

(6) $15x - 20y^2 = 5(3x - 4y^2)$.

(7) $4x^3 - 2x^2 + 14x = 2x(2x^2 - x + 7)$.

(8) $3a^4 + 9a^2 - 15 = 3(a^4 + 3a^2 - 5)$.

(9) $2x^3 + 3x^2 + 4x = x(2x^2 + 3x + 4)$.

(10) $9xy - 3x^2 + 4xy^2 = x(9y - 3x + 4y^2)$.

(11) $8abc^2 - 4b^2c + 12a^2bc = 4bc\left(2ac - b + 3a^2\right)$.

(12) $6x^2yz + 2xy^2z - 4xyz = 2xyz(3x + y - 2)$.

(13) $12x^4y^3t^2 - 4x^3yt^2 + 8x^2t - 16xy = 4x\left(3x^3y^3t^2 - x^2yt^2 + 2xt - 4y\right)$.

(14) $a(x+1) + b(x+1) = (x+1)(a+b)$.

(15) $z(y-3) + 2(y-3) = (y-3)(z+2)$.

(16) $ab - 3a + 9b - 27 = a(b-3) + 9(b-3) = (b-3)(a+9)$.

(17) $ab + 7a + 4b + 28 = a(b+7) + 4(b+7) = (b+7)(a+4)$.

49

(18) $xy + 2x - 7y - 14 = x(y+2) - 7(y+2) = (y+2)(x-7)$.

(19) $ap - 2pk + ya - 2yk = p(a - 2k) + y(a - 2k) = (a - 2k)(p + y)$.

(20) $am - mb - an + nb = m(a - b) - n(a - b) = (a - b)(m - n)$.

(21) $12xy + 15x + 4y + 5 = 3x(4y + 5) + (4y + 5) = (4y + 5)(3x + 1)$.

(22) $2ab - 8a + 3b - 12 = 2a(b - 4) + 3(b - 4) = (b - 4)(2a + 3)$.

(23) $3ab + 12a - b - 4 = 3a(b + 4) - (b + 4) = (b + 4)(3a - 1)$.

(24) $xy - 8x - 3y + 24 = x(y - 8) - 3(y - 8) = (y - 8)(x - 3)$.

2- Factor the following expressions:

(1)
$$at + bt + ct + 2a + 2b + 2c = t(a + b + c) + 2(a + b + c)$$
$$= (a + b + c)(t + 2).$$

(2)
$$ax + 2ay + 3az - 4x - 8y - 12z = a(x + 2y + 3z) - 4(x + 2y + 3z)$$
$$= (x + 2y + 3z)(a - 4).$$

(3)
$$ax + ay - az - bx - by + bz = a(x + y - z) - b(x + y - z)$$
$$= (x + y - z)(a - b).$$

(4)
$$y^2 - cy - ay + ac - by + bc = y(y - c) - a(y - c) - b(y - c)$$
$$= (y - c)(y - a - b).$$

3- Factor the following expressions:

(1) $(x + y)^2 - z^2 = (x + y - z)(x + y + z)$.

(2)
$$(x + y)^2 - (z + t)^2 = [(x + y) - (z + t)][(x + y) + (z + t)]$$
$$= (x + y - z - t)(x + y + z + t).$$

(3) $(x^2 - 2xy + y^2) - t^2 = (x - y)^2 - t^2 = (x - y - t)(x - y + t)$.

(4)
$$(a + b)^2 - (a - b)^2 = [(a + b) - (a - b)][(a + b) + (a - b)]$$
$$= (a + b - a + b)(a + b + a - b)$$
$$= (2b)(2a) = 4ab.$$

3- Find the value of a such that the following equalities hold.

(1) $4x^2 - 3ay^4 = (2x+9y^2)(2x-9y^2)$
We have
$$4x^2 - 3ay^4 = (2x+9y^2)(2x-9y^2)$$
$$= (2x)^2 - (9y)^2$$
$$= 4x^2 - 81y^2.$$

It follows that $3a = 81$ or $a = \dfrac{81}{3} = 27$.

(2) $16x^2 + 5ay^4 = (4x+5y^2)(4x-5y^2)$
We have
$$16x^2 + 5ay^4 = (4x+5y^2)(4x-5y^2)$$
$$= (4x)^2 - (5y^2)^2$$
$$= 16x^2 - 25y^4.$$

We obtain $5a = -25$ or $a = -\dfrac{25}{5} = -5$.

4- Factor the following expressions:

(1) $x^2 - 16 = x^2 - 4^2 = (x-4)(x+4)$.

(2) $y^2 - 121 = y^2 - 11^2 = (y-11)(y+11)$.

(3) $y^2 - 1 = y^2 - 1^2 = (y-1)(y+1)$.

(4) $4z^2 - 49 = (2z)^2 - 7^2 = (2z-7)(2z+7)$.

(5) $3a^2 - 12 = 3(a^2 - 4) = 3(a^2 - 2^2) = 3(a-2)(a+2)$.

(6) $25b^2 - 64 = (5b)^2 - 8^2 = (5b-8)(5b+8)$.

(7) $36x^4 - y^2 = (6x^2)^2 - y^2 = (6x^2 - y^2)(6x^2 + y^2)$.

(8) $84x^2 - 21 = 21(4x^2 - 1) = 21\left[(2x)^2 - 1^2\right] = 21(2x-1)(2x+1)$.

(9) $3x^2 - 75 = 3(x^2 - 25) = 3(x^2 - 5^2) = 3(x-5)(x+5)$.

(10) $4m^2 - 144 = 4(m^2 - 36) = 4(m^2 - 6^2) = 4(m-6)(m+6)$.

(11)
$$8x^2 - 160x + 800 = 8(x^2 - 20x + 100)$$
$$= 8[x^2 - 2(x)(10) + 10^2]$$
$$= 8(x - 10)^2.$$

(12) $5x^2y^2 - 500 = 5(x^2y^2 - 100) = 5\left[(xy)^2 - 10^2\right] = 5(xy - 10)(xy + 10).$

(13) $3t^2z^4 - 147 = 3(t^2z^4 - 49) = 3\left[(tz^2)^2 - 7^2\right] = 3(tz^2 - 7)(tz^2 + 7).$

(14) $2xy^2 - 32x = 2x(y^2 - 16) = 2x(y^2 - 4^2) = 2x(y - 4)(y + 4).$

(15) $3a^2b^4 - 192a^2 = 3a^2(b^4 - 64) = 3a^2\left[(b^2)^2 - 8^2\right] = 3a^2(b^2 - 8)(b^2 + 8).$

(16)
$$5ab^2 - 20a + 30b^2 - 120 = 5a(b^2 - 4) + 30(b^2 - 4)$$
$$= (b^2 - 4)(5a + 30)$$
$$= (b^2 - 2^2)(5a + 30)$$
$$= (b - 2)(b + 2)(5a + 30).$$

(17)
$$4x^2 - 4x - 12x^2 + 12 = 4x(x - 1) - 12(x^2 - 1)$$
$$= 4x(x - 1) - 12(x - 1)(x + 1)$$
$$= 4(x - 1)[x - 3(x + 1)]$$
$$= 4(x - 1)(x - 3x - 3)$$
$$= 4(x - 1)(-2x - 3).$$

(18)
$$2xy^2 - 2x + 4y^2 - 4 = 2x(y^2 - 1) + 4(y^2 - 1)$$
$$= 2(y^2 - 1)(x + 2)$$
$$= 2(y - 1)(y + 1)(x + 2).$$

5- Factor the following expressions:

(1)
$$9(x - 1)^2 - 4(2x + 3)^2 = [3(x - 1)]^2 - [2(2x + 3)]^2$$
$$= (3x - 3)^2 - (4x + 6)^2$$
$$= (3x - 3 - 4x - 6)(3x - 3 + 4x + 6)$$
$$= (-x - 9)(7x + 3).$$

(2)
$$4(y+2)^2 - y^2 = [2(y+2)]^2 - y^2$$
$$= (2y+4)^2 - y^2$$
$$= (2y+4-y)(2y+4+y)$$
$$= (y+4)(3y+4).$$

(3)
$$3(x+1) - x^2 - 2x - 1 = 3(x+1) - (x^2 + 2x + 1)$$
$$= 3(x+1) - (x+1)^2$$
$$= (x+1)[3 - (x+1)]$$
$$= (x+1)(3-x-1)$$
$$= (x+1)(-x+2).$$

(4)
$$(2x-5)^2 - 4x^2 + 25 = (2x-5)^2 - (4x^2 - 25)$$
$$= (2x-5)^2 - \left[(2x)^2 - 5^2\right]$$
$$= (2x-5)^2 - (2x-5)(2x+5)$$
$$= (2x-5)[(2x-5) - (2x+5)]$$
$$= (2x-5)(2x-5-2x-5)$$
$$= -10(2x-5).$$

(5)
$$16(x+3)^2 - (x-1)^2 = [4(x+3)]^2 - (x-1)^2$$
$$= [4(x+3) - (x-1)][4(x+3) + (x-1)]$$
$$= (4x+12-x+1)(4x+12+x-1)$$
$$= (3x+13)(5x+11).$$

(6) $x^3 - x = x(x^2 - 1) = x(x-1)(x+1).$

(7) $t^4 - 1 = (t^2)^2 - 1^2 = (t^2 - 1)(t^2 + 1) = (t-1)(t+1)(t^2+1).$

(8) $4x^2 - 16x = 4x(x-4).$

(9)
$$(x+1)^2 - (x^2 - 1) + 2x + 2 = (x+1)^2 - (x-1)(x+1) + 2(x+1)$$
$$= (x+1)[(x+1) - (x-1) + 2]$$
$$= (x+1)(x+1-x+1+2) = 4(x+1).$$

(10)
$$x^5 - x = x(x^4 - 1)$$
$$= x\left[(x^2)^2 - 1^2\right]$$
$$= x(x^2 - 1)(x^2 + 1)$$
$$= x(x - 1)(x + 1)(x^2 + 1).$$

(11)
$$x(y-1)^2 - 4x = x\left[(y-1)^2 - 4\right]$$
$$= x\left[(y-1)^2 - 2^2\right]$$
$$= x(y - 1 - 2)(y - 1 + 2)$$
$$= x(y - 3)(y + 1).$$

6- Find the value of a.

We have
$$2x^3 + 3x^2 - 8x + 3 = (x - 1)(2x^2 + ax - 3)$$
$$= 2x^3 + ax^2 - 3x - 2x^2 - ax + 3$$
$$= 2x^3 + (a - 2)x^2 + (-a - 3)x + 3.$$

It follows that $a - 2 = 3$ or $a = 5$.
Write $2x^3 + 3x^2 - 8x + 3$ as a product of three binomials.
For $a = 5$, We obtain
$$2x^3 + 3x^2 - 8x + 3 = (x - 1)(2x^2 + 5x - 3)$$
$$= (x - 1)(2x^2 + 6x - x - 3)$$
$$= (x - 1)[2x(x + 3) - (x + 3)]$$
$$= (x - 1)(x + 3)(2x - 1).$$

7- Factor the following expressions:

(1) $x^2 + 5x + 4$
We have
$$x^2 + 5x + 4 = x^2 + x + 4x + 4$$
$$= x(x + 1) + 4(x + 1)$$
$$= (x + 1)(x + 4).$$

(2) $x^2 + 5x + 6$
We have
$$x^2 + 5x + 6 = x^2 + 2x + 3x + 6$$
$$= x(x + 2) + 3(x + 2)$$
$$= (x + 2)(x + 3).$$

(3) $t^2 + 8t + 15$
We have
$$t^2 + 8t + 15 = t^2 + 3t + 5t + 15$$
$$= t(t+3) + 5(t+3)$$
$$= (t+3)(t+5).$$

(4) $x^2 - 10x + 9$
We have
$$x^2 - 10x + 9 = x^2 - x - 9x + 9$$
$$= x(x-1) - 9(x-1)$$
$$= (x-1)(x-9).$$

(5) $t^2 - 11t + 28$
We have
$$t^2 - 11t + 28 = t^2 - 7t - 4t + 28$$
$$= t(t-7) - 4(t-7)$$
$$= (t-4)(t-7).$$

(6) $x^2 + 7x - 8$
We have
$$x^2 + 7x - 8 = x^2 - x + 8x - 8$$
$$= x(x-1) + 8(x-1)$$
$$= (x-1)(x+8).$$

(7) $x^2 + x - 6$
We have
$$x^2 + x - 6 = x^2 - 2x + 3x - 6$$
$$= x(x-2) + 3(x-2)$$
$$= (x-2)(x+3).$$

(8) $x^2 + 11x - 12$
We have
$$x^2 + 11x - 12 = x^2 - x + 12x - 12$$
$$= x(x-1) + 12(x-1)$$
$$= (x-1)(x+12).$$

(9) $b^2 + 6b - 7$
We have
$$b^2 + 6b - 7 = b^2 - b + 7b - 7$$
$$= b(b-1) + 7(b-1)$$
$$= (b+7)(b-1).$$

(10) $x^2 + 3x - 4$
We have
$$\begin{aligned} x^2 + 3x - 4 &= x^2 - x + 4x - 4 \\ &= x(x-1) + 4(x-1) \\ &= (x-1)(x+4). \end{aligned}$$

(11) $y^2 - y - 12$
We have
$$\begin{aligned} y^2 - y - 12 &= y^2 - 4y + 3y - 12 \\ &= y(y-4) + 3(y-4) \\ &= (y-4)(y+3). \end{aligned}$$

(12) $y^2 - 2y - 35$
We have
$$\begin{aligned} y^2 - 2y - 35 &= y^2 - 7y + 5y - 35 \\ &= y(y-7) + 5(y-7) \\ &= (y+5)(y-7). \end{aligned}$$

(13) $n^2 - 4n - 12$
We have
$$\begin{aligned} n^2 - 4n - 12 &= n^2 - 6n + 2n - 12 \\ &= n(n-6) + 2(n-6) \\ &= (n-6)(n+2). \end{aligned}$$

(14) $a^2 - 3a - 18$
We have
$$\begin{aligned} a^2 - 3a - 18 &= a^2 - 6a + 3a - 18 \\ &= a(a-6) + 3(a-6) \\ &= (a+3)(a-6). \end{aligned}$$

(15) $x^2 - 6x - 7$
We have
$$\begin{aligned} x^2 - 6x - 7 &= x^2 + x - 7x - 7 \\ &= x(x+1) - 7(x+1) \\ &= (x+1)(x-7). \end{aligned}$$

(16) $5t^2 + 12t + 7$
We have
$$\begin{aligned} 5t^2 + 12t + 7 &= 5t^2 + 5t + 7t + 7 \\ &= 5t(t+1) + 7(t+1) \\ &= (t+1)(5t+7). \end{aligned}$$

(17) $2x^2 + 13x - 7$
We have
$$\begin{aligned} 2x^2 + 13x - 7 &= 2x^2 + 14x - x - 7 \\ &= 2x(x+7) - (x+7) \\ &= (x+7)(2x-1). \end{aligned}$$

(18) $2x^2 + 5x - 3$
We have
$$\begin{aligned} 2x^2 + 5x - 3 &= 2x^2 + 6x - x - 3 \\ &= 2x(x+3) - (x+3) \\ &= (x+3)(2x-1). \end{aligned}$$

(19) $2a^2 + 24a + 70$
We have
$$\begin{aligned} 2a^2 + 24a + 70 &= 2\left(a^2 + 12a + 35\right) \\ &= 2\left(a^2 + 5a + 7a + 35\right) \\ &= 2\left[a(a+5) + 7(a+5)\right] \\ &= 2(a+7)(a+5). \end{aligned}$$

(20) $3x^2 + 21x + 36$
We have
$$\begin{aligned} 3x^2 + 21x + 36 &= 3\left(x^2 + 7x + 12\right) \\ &= 3\left(x^2 + 3x + 4x + 12\right) \\ &= 3\left[x(x+3) + 4(x+3)\right] \\ &= 3(x+3)(x+4). \end{aligned}$$

(21) $5a^2 - 15a - 90$
We have
$$\begin{aligned} 5a^2 - 15a - 90 &= 5\left(a^2 - 3a - 18\right) \\ &= 5\left(a^2 - 6a + 3a - 18\right) \\ &= 5\left[a(a-6) + 3(a-6)\right] \\ &= 5(a-6)(a+3). \end{aligned}$$

(22) $2x^2 - 4x - 160$
We have
$$\begin{aligned} 2x^2 - 4x - 160 &= 2\left(x^2 - 2x - 80\right) \\ &= 2\left(x^2 - 10x + 8x - 80\right) \\ &= 2\left[x(x-10) + 8(x-10)\right] \\ &= 2(x-10)(x+8). \end{aligned}$$

(23) $4bc^2 + 12bc - 40b$
We have

$$\begin{aligned} 4bc^2 + 12bc - 40b &= 4b\left(c^2 + 3c - 10\right) \\ &= 4b\left(c^2 + 5c - 2c - 10\right) \\ &= 4b\left[c\left(c+5\right) - 2\left(c+5\right)\right] \\ &= 4b\left(c+5\right)\left(c-2\right). \end{aligned}$$

(24) $6xy^4 + 18xy^2 - 168x$
We have

$$\begin{aligned} 6xy^4 + 18xy^2 - 168x &= 6x\left(y^4 + 3y^2 - 28\right) \\ &= 6x\left(y^4 + 7y^2 - 4y^2 - 28\right) \\ &= 6x\left[y^2\left(y^2 + 7\right) - 4\left(y^2 + 7\right)\right] \\ &= 6x\left(y^2 + 7\right)\left(y^2 - 4\right) \\ &= 6x\left(y^2 + 7\right)\left(y - 2\right)\left(y + 2\right). \end{aligned}$$

7- Calculate the following expressions:

(1) $3x - \dfrac{x+2}{x} = \dfrac{3x^2 - x - 2}{x}.$

(2) $\dfrac{2x-5}{3x} + 3x - 1 = \dfrac{2x - 5 + 9x^2 - 3x}{3x} = \dfrac{9x^2 - x - 5}{3x}.$

(3) $y + \dfrac{y-4}{3y+4} = \dfrac{3y^2 + 4y + y - 4}{3y+4} = \dfrac{3y^2 + 5y - 4}{3y+4}.$

(4) $a - 3 - \dfrac{5}{a+1} = \dfrac{(a-3)(a+1) - 5}{a+1} = \dfrac{a^2 + a - 3a - 3 - 5}{a+1} = \dfrac{a^2 - 4a - 8}{a+1}.$

(5)

$$\begin{aligned} b + 5 + \dfrac{5}{b-5} &= \dfrac{(b+5)(b-5) + 5}{b-5} \\ &= \dfrac{b^2 - 5^2 + 5}{b-5} \\ &= \dfrac{b^2 - 25 + 5}{b-5} \\ &= \dfrac{b^2 - 20}{b-5}. \end{aligned}$$

(6)
$$3n + \frac{2n+3}{4n+5} = \frac{3n(4n+5)+2n+3}{4n+5}$$
$$= \frac{12n^2+15n+2n+3}{4n+5}$$
$$= \frac{12n^2+17n+3}{4n+5}.$$

8- Find the value of a, b and c.
Observe that

$$\frac{2x^2-x+3}{x-1} = \frac{2x^2-2x+x-1+4}{x-1}$$
$$= \frac{2x(x-1)+(x-1)+4}{x-1}$$
$$= \frac{2x(x-1)}{x-1} + \frac{x-1}{x-1} + \frac{4}{x-1}$$
$$= 2x+1+\frac{4}{x-1}.$$

Since $\dfrac{2x^2-x+3}{x-1} = ax+b+\dfrac{c}{x-1}$, it follows that $2x+1+\dfrac{4}{x-1} = ax+b+\dfrac{c}{x-1}$.
Therefore, $a=2, b=1$ and $c=4$.

9- Compute the following expressions:

(1) $\dfrac{6x-1}{81-x^2} - \dfrac{2x}{x+9}$

We have

$$\frac{6x-1}{81-x^2} - \frac{2x}{x+9} = \frac{6x-1}{9^2-x^2} - \frac{2x}{x+9}$$
$$= \frac{6x-1}{(9-x)(9+x)} - \frac{2x}{x+9}$$
$$= \frac{6x-1-2x(9-x)}{(9-x)(9+x)}$$
$$= \frac{6x-1-18x+2x^2}{(9-x)(9+x)}$$
$$= \frac{2x^2-12x-1}{(9-x)(9+x)}.$$

59

(2) $\dfrac{10y-1}{100-y^2} - \dfrac{5y}{y+10}$

We have

$$\begin{aligned}
\dfrac{10y-1}{100-y^2} - \dfrac{5y}{y+10} &= \dfrac{10y-1}{10^2-y^2} - \dfrac{5y}{y+10} \\
&= \dfrac{10y-1}{(10-y)(10+y)} - \dfrac{5y}{y+10} \\
&= \dfrac{10y-1-5y(10-y)}{(10-y)(10+y)} \\
&= \dfrac{10y-1-50y+5y^2}{(10-y)(10+y)} \\
&= \dfrac{5y^2-40y-1}{(10-y)(10+y)}.
\end{aligned}$$

(3) $\dfrac{11}{121-x^2} - \dfrac{x^2}{x+11}$

We have

$$\begin{aligned}
\dfrac{11}{121-x^2} - \dfrac{x^2}{x+11} &= \dfrac{11}{11^2-x^2} - \dfrac{x^2}{x+11} \\
&= \dfrac{11}{(11-x)(11+x)} - \dfrac{x^2}{x+11} \\
&= \dfrac{11-x^2(11-x)}{(11-x)(11+x)} \\
&= \dfrac{11-11x^2+x^3}{(11-x)(11+x)} \\
&= \dfrac{x^3-11x^2+11}{(11-x)(11+x)}.
\end{aligned}$$

(4) $\dfrac{t}{2(t+3)} - \dfrac{2}{3(t+3)}$

We have

$$\dfrac{t}{2(t+3)} - \dfrac{2}{3(t+3)} = \dfrac{3t-4}{6(t+3)}.$$

(5) $\dfrac{4x+6}{(x+4)(x-4)} - \dfrac{4}{x+4}$

We have

$$\begin{aligned}
\dfrac{4x+6}{(x+4)(x-4)} - \dfrac{4}{x+4} &= \dfrac{4x+6-4(x-4)}{(x+4)(x-4)} \\
&= \dfrac{4x+6-4x+16}{(x+4)(x-4)} \\
&= \dfrac{22}{(x+4)(x-4)}.
\end{aligned}$$

(6) $\dfrac{4z+2}{16-z^2} + \dfrac{4}{z-4}$

$$\dfrac{4z+2}{16-z^2} + \dfrac{4}{z-4} = \dfrac{4z+2}{4^2-z^2} + \dfrac{4}{z-4}$$
$$= \dfrac{4z+2}{(4-z)(4+z)} - \dfrac{4}{4-z}$$
$$= \dfrac{4z+2-4(4+z)}{(4-z)(4+z)}$$
$$= \dfrac{4z+2-16-4z}{(4-z)(4+z)}$$
$$= -\dfrac{14}{(4-z)(4+z)}$$
$$= \dfrac{14}{(z-4)(z+4)}.$$

(7) $\dfrac{\frac{1}{x}-\frac{3}{y}}{\frac{4}{y}}$

We have

$$\dfrac{\frac{1}{x}-\frac{3}{y}}{\frac{4}{y}} = \dfrac{\frac{y-3x}{xy}}{\frac{4}{y}} = \dfrac{y-3x}{xy} \times \dfrac{y}{4} = \dfrac{y(y-3x)}{4x}.$$

(8) $\dfrac{\frac{2}{x}+\frac{3}{y}}{-\frac{5}{x}}$

We have

$$\dfrac{\frac{2}{x}+\frac{3}{y}}{-\frac{5}{x}} = \dfrac{\frac{2y+3x}{xy}}{-\frac{5}{x}} = \dfrac{2y+3x}{xy} \times \left(-\dfrac{x}{5}\right) = -\dfrac{2y+3x}{5y}.$$

(9) $\dfrac{\frac{1}{x}-\frac{1}{y}}{-\frac{6}{5y}}$

We have

$$\dfrac{\frac{1}{x}-\frac{1}{y}}{-\frac{6}{5y}} = \dfrac{\frac{y-x}{xy}}{-\frac{6}{5y}} = \dfrac{y-x}{xy} \times \left(-\dfrac{5y}{6}\right) = -\dfrac{5(y-x)}{6x} = \dfrac{5(x-y)}{6x}.$$

(10) $\dfrac{\frac{4}{x}+5}{\frac{5}{y}}$

We have

$$\dfrac{\frac{4}{x}+5}{\frac{5}{y}} = \dfrac{\frac{4+5x}{x}}{\frac{5}{y}} = \dfrac{4+5x}{x} \times \dfrac{y}{5} = \dfrac{(4+5x)y}{5x}.$$

(11) $\dfrac{\frac{8}{x}-9}{\frac{6}{y}}$

We have

$$\dfrac{\frac{8}{x}-9}{\frac{6}{y}} = \dfrac{\frac{8-9x}{x}}{\frac{6}{y}} = \dfrac{8-9x}{x} \times \dfrac{y}{6} = \dfrac{(8-9x)y}{6x}.$$

(12) $\dfrac{\frac{4}{a^2}+\frac{b}{a}}{\frac{2}{a}-12}$

We have

$$\dfrac{\frac{4}{a^2}+\frac{b}{a}}{\frac{2}{a}-12} = \dfrac{\frac{4+ab}{a^2}}{\frac{2-12a}{a}} = \dfrac{4+ab}{a^2} \times \dfrac{a}{2-12a} = \dfrac{4+ab}{a(2-12a)}.$$

(13) $\dfrac{\frac{3x}{x^2-49}+\frac{7}{x+7}}{\frac{1}{x-7}-\frac{7}{2x+14}}$

We have

$$\dfrac{\frac{3x}{x^2-49}+\frac{7}{x+7}}{\frac{1}{x-7}-\frac{7}{2x+14}} = \dfrac{\frac{3x}{x^2-7^2}+\frac{7}{x+7}}{\frac{1}{x-7}-\frac{7}{2(x+7)}}$$

$$= \dfrac{\frac{3x}{(x-7)(x+7)}+\frac{7}{x+7}}{\frac{1}{x-7}-\frac{7}{2(x+7)}}$$

$$= \dfrac{\frac{3x+7(x-7)}{(x-7)(x+7)}}{\frac{2(x+7)-7(x-7)}{2(x-7)(x+7)}}$$

$$= \dfrac{3x+7x-49}{(x-7)(x+7)} \times \dfrac{2(x-7)(x+7)}{2x+14-7x+49}$$

$$= \dfrac{2(10x-49)}{-5x+63}.$$

62

(14) $\dfrac{\dfrac{2b}{b-4} - \dfrac{3}{b^2}}{\dfrac{5}{5b-20} + \dfrac{3}{4b^2-16b}}$

We have

$$\dfrac{\dfrac{2b}{b-4} - \dfrac{3}{b^2}}{\dfrac{5}{5b-20} + \dfrac{3}{4b^2-16b}} = \dfrac{\dfrac{2b^3 - 3(b-4)}{b^2(b-4)}}{\dfrac{5}{5(b-4)} + \dfrac{3}{4b(b-4)}}$$

$$= \dfrac{\dfrac{2b^3 - 3b + 12}{b^2(b-4)}}{\dfrac{1}{b-4} + \dfrac{3}{4b(b-4)}}$$

$$= \dfrac{\dfrac{2b^3 - 3b + 12}{b^2(b-4)}}{\dfrac{4b+3}{4b(b-4)}}$$

$$= \dfrac{2b^3 - 3b + 12}{b^2(b-4)} \times \dfrac{4b(b-4)}{4b+3}$$

$$= \dfrac{4\left(2b^3 - 3b + 12\right)}{b(4b+3)}.$$

(15) $\dfrac{\dfrac{1}{a+1}}{a - \dfrac{1}{a + \dfrac{1}{a}}}$

We have

$$\dfrac{\dfrac{1}{a+1}}{a - \dfrac{1}{a + \dfrac{1}{a}}} = \dfrac{\dfrac{1}{a+1}}{a - \dfrac{1}{\dfrac{a^2+1}{a}}} = \dfrac{\dfrac{1}{a+1}}{a - \dfrac{a}{a^2+1}}$$

$$= \dfrac{\dfrac{1}{a+1}}{\dfrac{a^3 + a - a}{a^2+1}}$$

$$= \dfrac{\dfrac{1}{a+1}}{\dfrac{a^3}{a^2+1}}$$

$$= \dfrac{1}{a+1} \times \dfrac{a^2+1}{a^3}$$

$$= \dfrac{a^2+1}{a^3(a+1)}.$$

(16) $\dfrac{2}{c+\dfrac{1}{1+\dfrac{c+1}{5-c}}}$

We have

$$\dfrac{2}{c+\dfrac{1}{1+\dfrac{c+1}{5-c}}} = \dfrac{2}{c+\dfrac{1}{\frac{5-c+c+1}{5-c}}}$$

$$= \dfrac{2}{c+\dfrac{1}{\frac{6}{5-c}}}$$

$$= \dfrac{2}{c+\dfrac{5-c}{6}} = \dfrac{2}{\frac{6c+5-c}{6}} = \dfrac{12}{5c+5}.$$

10- Find the value of A.

We have

$$A = \dfrac{2x^3 - 8x}{2x^3 - 8x^2 + 8x}$$

$$= \dfrac{2x(x^2 - 4)}{2x(x^2 - 4x + 4)}$$

$$= \dfrac{(x-2)(x+2)}{(x-2)^2}$$

$$= \dfrac{x+2}{x-2}.$$

Since $x = 2018$, it follows that $A = \dfrac{2018+2}{2018-2} = \dfrac{2020}{2016} = \dfrac{505}{504}.$

CHAPTER V

Square Roots

1. Absolute Value

1.1. Definition. The absolute value of a real number x is the non-negative value of x without regard to its sign. That is, $|x| = \begin{cases} x, & \text{if } x \geq 0 \\ -x, & \text{if } x < 0 \end{cases}$.

Example 1:
Compute the following expressions:

(1) $|2|$;
(2) $|-3|$;
(3) $|3-2-4|$;
(4) $|-7+10-3|$.

Solution:
Compute the following expressions:

(1) $|2| = 2$.
(2) $|-3| = 3$.
(3) $|3-2-4| = |-3| = 3$.
(4) $|-7+10-3| = |0| = 0$.

1.2. Properties of Absolute Values. For all real numbers a and b, we obtain the following properties:

(1) $|a| = |-a|$;
(2) $-|a| \leq a \leq |a|$;
(3) $|a| = |b|$ if and only if $a = b$ or $a = -b$;
(4) $|ab| = |a| \times |b|$;
(5) $|a^n| = |a|^n$;
(6) $\left|\dfrac{a}{b}\right| = \dfrac{|a|}{|b|}, b \neq 0$;
(7) $|a \pm b| \leq |a| + |b|$.

2. Square Roots

A square root of a is the number which its square equals a. If x is a square root of a, it follows that $x^2 = a$.

Example 1:
2 is a square root of 4 because $2^2 = 4$.
-2 is also a square root of 4 because $(-2)^2 = 4$.
We see that there exists too square roots of 4. They are -2 and 2. 2 is called the

positive square root of 4 and represented by $\sqrt{4} = 2$. Additionally, -2 is called the negative square root of 4 and represented by $-\sqrt{4} = -2$.

★ **Note:**

Since square of all numbers are always positive, from the definition of square roots, all negative numbers has no square roots.

$\sqrt{}$ is called radical and the number in the radical is called radicant.

Example 2:

What are the square roots of 9?

Solution:

Observe that $3^2 = 9$ and $(-3)^2 = 9$.

Consequently, 3 and -3 are the square roots of 9.

Example 3:

Compute the following square roots:

(1) $\sqrt{16}$;

(2) $\sqrt{36}$;

(3) $\sqrt{49}$;

(4) $\sqrt{64}$;

(5) $\sqrt{81}$;

(6) $\sqrt{121}$;

(7) $\sqrt{100}$;

(8) $\sqrt{144}$;

(9) $\sqrt{169}$;

(10) $\sqrt{196}$;

(11) $\sqrt{225}$;

(12) $\sqrt{256}$;

(13) $\sqrt{625}$.

Solution:

(1) $\sqrt{16} = \sqrt{4^2} = 4$.

(2) $\sqrt{36} = \sqrt{6^2} = 6$.

(3) $\sqrt{49} = \sqrt{7^2} = 7$.

(4) $\sqrt{64} = \sqrt{8^2} = 8$.

(5) $\sqrt{81} = \sqrt{9^2} = 9$.

(6) $\sqrt{121} = \sqrt{11^2} = 11$.

(7) $\sqrt{100} = \sqrt{10^2} = 10$.

(8) $\sqrt{144} = \sqrt{12^2} = 12$.

(9) $\sqrt{169} = \sqrt{13^2} = 13.$

(10) $\sqrt{196} = \sqrt{14^2} = 14.$

(11) $\sqrt{225} = \sqrt{15^2} = 15.$

(12) $\sqrt{256} = \sqrt{16^2} = 16.$

(13) $\sqrt{625} = \sqrt{25^2} = 25.$

3. Properties of Square Roots

For all positive real numbers a and b, we obtain the following properties:

(1) $\sqrt{ab} = \sqrt{a} \times \sqrt{b}$;

(2) $\sqrt{\dfrac{a}{b}} = \dfrac{\sqrt{a}}{\sqrt{b}}$, where $b \neq 0$;

(3) $\sqrt{a^2 b} = \sqrt{a^2} \times \sqrt{b} = a\sqrt{b}.$

Example 1:
Compute the following expressions:

(1) $\sqrt{12} - \sqrt{27} + \sqrt{\dfrac{3}{4}}$;

(2) $\sqrt{8} - \sqrt{18} + \sqrt{72}$;

(3) $\sqrt{20} - 3\sqrt{2} - \sqrt{\dfrac{5}{9}} + \sqrt{50}$;

(4) $\left(2\sqrt{2} + 5\sqrt{3}\right)\left(3\sqrt{2} - \sqrt{3}\right)$;

(5) $\left(\sqrt{3} - \sqrt{2}\right)^2$;

(6) $\left(3\sqrt{2} + \sqrt{3}\right)\left(2\sqrt{3} - \sqrt{2}\right)^2.$

Solution:
Compute the following expressions:

(1) $\sqrt{12} - \sqrt{27} + \sqrt{\dfrac{3}{4}}$

We have

$$\sqrt{12} - \sqrt{27} + \sqrt{\dfrac{3}{4}} = \sqrt{2^2 \times 3} - \sqrt{3^2 \times 3} + \sqrt{\dfrac{3}{2^2}}$$

$$= 2\sqrt{3} - 3\sqrt{3} + \dfrac{\sqrt{3}}{2}$$

$$= -\sqrt{3} + \dfrac{\sqrt{3}}{2} = \dfrac{-2\sqrt{3} + \sqrt{3}}{2}$$

$$= -\dfrac{\sqrt{3}}{2}.$$

(2) $\sqrt{8} - \sqrt{18} + \sqrt{72}$

We have

$$\sqrt{8} - \sqrt{18} + \sqrt{72} = \sqrt{2^2 \times 2} - \sqrt{3^2 \times 2} + \sqrt{6^2 \times 2}$$

$$= 2\sqrt{2} - 3\sqrt{2} + 6\sqrt{2} = 5\sqrt{2}.$$

(3) $\sqrt{20} - 3\sqrt{2} - \sqrt{\dfrac{5}{9}} + \sqrt{50}$

We have

$$\sqrt{20} - 3\sqrt{2} - \sqrt{\dfrac{5}{9}} + \sqrt{50} = \sqrt{2^2 \times 5} - 3\sqrt{2} - \sqrt{\dfrac{5}{3^2}} + \sqrt{5^2 \times 2}$$

$$= 2\sqrt{5} - 3\sqrt{2} - \dfrac{\sqrt{5}}{3} + 5\sqrt{2}$$

$$= 2\sqrt{5} - \dfrac{\sqrt{5}}{3} + 5\sqrt{2} - 3\sqrt{2}$$

$$= \dfrac{6\sqrt{5} - \sqrt{5}}{3} + 2\sqrt{2}$$

$$= \dfrac{5\sqrt{5}}{3} + 2\sqrt{2}.$$

(4) $\left(2\sqrt{2} + 5\sqrt{3}\right)\left(3\sqrt{2} - \sqrt{3}\right)$

We have

$$\left(2\sqrt{2} + 5\sqrt{3}\right)\left(3\sqrt{2} - \sqrt{3}\right)$$

$$= 6\sqrt{2^2} - 2\sqrt{6} + 15\sqrt{6} - 5\sqrt{3^2}$$

$$= 6(2) + 13\sqrt{6} - 5(3)$$

$$= 12 + 13\sqrt{6} - 15$$

$$= -3 + 13\sqrt{6}.$$

(5) $\left(\sqrt{3}-\sqrt{2}\right)^2$
We have
$$\left(\sqrt{3}-\sqrt{2}\right)^2 = \sqrt{3^2} - 2\sqrt{3}\sqrt{2} + \sqrt{2^2}$$
$$= 3 - 2\sqrt{6} + 2$$
$$= 5 - 2\sqrt{6}.$$

(6) $\left(3\sqrt{2}+\sqrt{3}\right)\left(2\sqrt{3}-\sqrt{2}\right)^2$
We have
$$\left(3\sqrt{2}+\sqrt{3}\right)\left(2\sqrt{3}-\sqrt{2}\right)^2$$
$$= \left(3\sqrt{2}+\sqrt{3}\right)\left[\left(2\sqrt{3}\right)^2 - 2\left(2\sqrt{3}\right)\left(\sqrt{2}\right) + \sqrt{2^2}\right]$$
$$= \left(3\sqrt{2}+\sqrt{3}\right)\left(12 - 4\sqrt{6} + 2\right)$$
$$= \left(3\sqrt{2}+\sqrt{3}\right)\left(14 - 4\sqrt{6}\right)$$
$$= 42\sqrt{2} - 12\sqrt{12} + 14\sqrt{3} - 4\sqrt{18}$$
$$= 42\sqrt{2} - 24\sqrt{3} + 14\sqrt{3} - 12\sqrt{2}$$
$$= 30\sqrt{2} - 10\sqrt{3}.$$

4. Comparing Radical

For all positive numbers a and b, $a > b$ if and only if $a^2 > b^2$.
Hence, to prove that $a > b$, it is sufficient to prove that $a^2 > b^2$ or $a^2 - b^2 > 0$.
Example 1:
Compare $2 + \sqrt{6}$ and $2\sqrt{5}$.
Solution: Observe that
$$\left(2+\sqrt{6}\right)^2 - \left(2\sqrt{5}\right)^2 = 2^2 + 2(2)\left(\sqrt{6}\right) + \sqrt{6^2} - 2^2\sqrt{5^2}$$
$$= 4 + 4\sqrt{6} + 6 - 20$$
$$= 4\sqrt{6} - 10$$
$$= \sqrt{4^2 \times 6} - \sqrt{10^2}$$
$$= \sqrt{96} - \sqrt{100} < 0.$$

Then $(2+\sqrt{6})^2 < (2\sqrt{5})^2$.
Therefore, $2+\sqrt{6} < 2\sqrt{5}$.

5. Rationalize the Denominator

Generally, in Mathematics, we never keep fractions with irrational denominators. Namely, we have to rationalize the denominator of such fractions. In this section, we will show the readers about how to rationalize the denominator of a fraction.

6. Fraction in Form $\dfrac{?}{\sqrt[n]{a}}$

To rationalize the denominator of fraction in this form, we have to multiply $\sqrt[n]{a^{n-1}}$ to both parts of the fraction, denominator and numerator. See the following examples.

Example 1: Rationalize the following fractions:

(1) $\dfrac{2}{\sqrt{2}}$;

(2) $\dfrac{\sqrt{3}-1}{\sqrt{3}}$;

(3) $\dfrac{2}{\sqrt[3]{3}}$;

(4) $\dfrac{7\sqrt{2}}{\sqrt{3}}$;

(5) $\dfrac{4\sqrt[3]{2}}{\sqrt[3]{5}}$.

Solution:
Rationalize the denominators of following fractions:

(1) $\dfrac{2}{\sqrt{2}}$

We have $\dfrac{2}{\sqrt{2}} = \dfrac{2 \times \sqrt{2}}{\sqrt{2} \times \sqrt{2}} = \dfrac{2\sqrt{2}}{\sqrt{2^2}} = \dfrac{2\sqrt{2}}{2} = \sqrt{2}.$

(2) $\dfrac{\sqrt{3}-1}{\sqrt{3}}$

We have $\dfrac{\sqrt{3}-1}{\sqrt{3}} = \dfrac{(\sqrt{3}-1)\sqrt{3}}{\sqrt{3} \times \sqrt{3}} = \dfrac{\sqrt{3^2}-\sqrt{3}}{\sqrt{3^2}} = \dfrac{3-\sqrt{3}}{3}.$

(3) $\dfrac{2}{\sqrt[3]{3}}.$

We have $\dfrac{2}{\sqrt[3]{3}} = \dfrac{2 \times \sqrt[3]{3^2}}{\sqrt[3]{3} \times \sqrt[3]{3^2}} = \dfrac{2\sqrt[3]{9}}{\sqrt[3]{3^3}} = \dfrac{2\sqrt[3]{9}}{3}.$

(4) $\dfrac{7\sqrt{2}}{\sqrt{3}}.$

We have $\dfrac{7\sqrt{2}}{\sqrt{3}} = \dfrac{7\sqrt{2} \times \sqrt{3}}{\sqrt{3} \times \sqrt{3}} = \dfrac{7\sqrt{6}}{\sqrt{3^2}} = \dfrac{7\sqrt{6}}{3}.$

(5) $\dfrac{4\sqrt[3]{2}}{\sqrt[3]{5}}.$

We have $\dfrac{4\sqrt[3]{2}}{\sqrt[3]{5}} = \dfrac{4\sqrt[3]{2} \times \sqrt[3]{5^2}}{\sqrt[3]{5} \times \sqrt[3]{5^2}} = \dfrac{4\sqrt[3]{2} \times 25}{\sqrt[3]{5^3}} = \dfrac{4\sqrt[3]{50}}{5}.$

6.1. Fraction in Form $\dfrac{?}{\sqrt{a}+\sqrt{b}}$ or $\dfrac{?}{\sqrt{a}-\sqrt{b}}$. To rationalize the denominators of fractions in these forms, we use the formula $a^2 - b^2 = (a-b)(a+b)$. That is:

- We multiply $\sqrt{a} - \sqrt{b}$ to both parts of fraction in form $\dfrac{?}{\sqrt{a}+\sqrt{b}}$.
- We multiply $\sqrt{a} + \sqrt{b}$ to both parts of fraction in form $\dfrac{?}{\sqrt{a}-\sqrt{b}}$.

Note that $\sqrt{a} - \sqrt{b}$ is called the conjugate of $\sqrt{a} + \sqrt{b}$.
See the following examples:

Example 1:
Rationalize the denominators of the following fractions:

(1) $\dfrac{1}{\sqrt{3}+\sqrt{2}}$;

(2) $\dfrac{\sqrt{2}}{1-\sqrt{2}}$;

(3) $\dfrac{1}{\sqrt{5}-\sqrt{3}}$;

(4) $\dfrac{\sqrt{3}}{\sqrt{7}+\sqrt{5}}$;

(5) $\dfrac{1}{1+\sqrt{2}-\sqrt{3}}.$

Solution:

Rationalize the denominators of the following fractions:

(1) $\dfrac{1}{\sqrt{3}+\sqrt{2}}$
We have

$$\dfrac{1}{\sqrt{3}+\sqrt{2}} = \dfrac{\sqrt{3}-\sqrt{2}}{\left(\sqrt{3}+\sqrt{2}\right)\left(\sqrt{3}-\sqrt{2}\right)}$$

$$= \dfrac{\sqrt{3}-\sqrt{2}}{\sqrt{3^2}-\sqrt{2^2}}$$

$$= \dfrac{\sqrt{3}-\sqrt{2}}{3-2}$$

$$= \dfrac{\sqrt{3}-\sqrt{2}}{1} = \sqrt{3}-\sqrt{2}.$$

(2) $\dfrac{\sqrt{2}}{1-\sqrt{2}}$

We have

$$\dfrac{\sqrt{2}}{1-\sqrt{2}} = \dfrac{\sqrt{2}\left(1+\sqrt{2}\right)}{\left(1-\sqrt{2}\right)\left(1+\sqrt{2}\right)}$$

$$= \dfrac{\sqrt{2}+\sqrt{2^2}}{1^2-\sqrt{2^2}}$$

$$= \dfrac{\sqrt{2}+2}{1-2}$$

$$= \dfrac{2+\sqrt{2}}{-1} = -2-\sqrt{2}.$$

(3) $\dfrac{1}{\sqrt{5}-\sqrt{3}}$

We have

$$\dfrac{1}{\sqrt{5}-\sqrt{3}} = \dfrac{\sqrt{5}+\sqrt{3}}{\left(\sqrt{5}-\sqrt{3}\right)\left(\sqrt{5}+\sqrt{3}\right)}$$

$$= \dfrac{\sqrt{5}+\sqrt{3}}{\sqrt{5^2}-\sqrt{3^2}}$$

$$= \dfrac{\sqrt{5}+\sqrt{3}}{5-3} = \dfrac{\sqrt{5}+\sqrt{3}}{2}.$$

(4) $\dfrac{\sqrt{3}}{\sqrt{7}+\sqrt{5}}$

We have

$$\dfrac{\sqrt{3}}{\sqrt{7}+\sqrt{5}} = \dfrac{\sqrt{3}\left(\sqrt{7}-\sqrt{5}\right)}{\left(\sqrt{7}+\sqrt{5}\right)\left(\sqrt{7}-\sqrt{5}\right)}$$

$$= \dfrac{\sqrt{21}-\sqrt{15}}{\sqrt{7^2}-\sqrt{5^2}}$$

$$= \dfrac{\sqrt{21}-\sqrt{15}}{7-5}$$

$$= \dfrac{\sqrt{21}-\sqrt{15}}{2}.$$

(5) $\dfrac{1}{1+\sqrt{2}-\sqrt{3}}$

We have

$$\begin{aligned}
\dfrac{1}{1+\sqrt{2}-\sqrt{3}} &= \dfrac{1+\sqrt{2}+\sqrt{3}}{\left(1+\sqrt{2}-\sqrt{3}\right)\left(1+\sqrt{2}+\sqrt{3}\right)} \\
&= \dfrac{1+\sqrt{2}+\sqrt{3}}{\left(1+\sqrt{2}\right)^2 - \sqrt{3}^2} \\
&= \dfrac{1+\sqrt{2}+\sqrt{3}}{1+2\sqrt{2}+\sqrt{2}^2 - 3} \\
&= \dfrac{1+\sqrt{2}+\sqrt{3}}{1+2\sqrt{2}+2-3} \\
&= \dfrac{1+\sqrt{2}+\sqrt{3}}{2\sqrt{2}} \\
&= \dfrac{\left(1+\sqrt{2}+\sqrt{3}\right)\sqrt{2}}{2\sqrt{2}^2} \\
&= \dfrac{\sqrt{2}+\sqrt{2}^2+\sqrt{6}}{4} \\
&= \dfrac{2+\sqrt{2}+\sqrt{6}}{4}.
\end{aligned}$$

7. Simplify Expressions in Form $\sqrt{a+2\sqrt{b}}$

To simplify this kind of expressions, we have to write $a+2\sqrt{b}$ in form $c+d+2\sqrt{cd} = \sqrt{c^2}+2\sqrt{cd}+\sqrt{d^2} = \left(\sqrt{c}+\sqrt{d}\right)^2$. That is, we have to find two numbers c and d such that $c+d=a$ and $cd=b$. See the following examples.

Example 1:

Simplify the following expressions:

(1) $\sqrt{7+2\sqrt{10}}$;

(2) $\sqrt{5+2\sqrt{6}}$;

(3) $\sqrt{4+2\sqrt{3}}$;

(4) $\sqrt{12-2\sqrt{20}}$;

(5) $\sqrt{8-2\sqrt{12}}$.

73

Solution:
Simplify the following expressions:

(1) $\sqrt{7+2\sqrt{10}}$
We have
$$\sqrt{7+2\sqrt{10}} = \sqrt{5+2\sqrt{10}+2}$$
$$= \sqrt{\sqrt{5^2}+2\sqrt{10}+\sqrt{2^2}}$$
$$= \sqrt{\left(\sqrt{5}+\sqrt{2}\right)^2}$$
$$= \sqrt{5}+\sqrt{2}.$$

(2) $\sqrt{5+2\sqrt{6}}$
We have
$$\sqrt{5+2\sqrt{6}} = \sqrt{3+2\sqrt{6}+2}$$
$$= \sqrt{\sqrt{3^2}+2\sqrt{6}+\sqrt{2^2}}$$
$$= \sqrt{\left(\sqrt{3}+\sqrt{2}\right)^2}$$
$$= \sqrt{3}+\sqrt{2}.$$

(3) $\sqrt{4+2\sqrt{3}}$
We have
$$\sqrt{4+2\sqrt{3}} = \sqrt{3+2\sqrt{3}+1}$$
$$= \sqrt{\sqrt{3^2}+2\sqrt{3}+1^2}$$
$$= \sqrt{\left(\sqrt{3}+1\right)^2} = \sqrt{3}+1.$$

(4) $\sqrt{12-2\sqrt{20}}$
We have
$$\sqrt{12-2\sqrt{20}} = \sqrt{10-2\sqrt{20}+2}$$
$$= \sqrt{\sqrt{10^2}-2\sqrt{20}+\sqrt{2^2}}$$
$$= \sqrt{\left(\sqrt{10}-\sqrt{2}\right)^2}$$
$$= \sqrt{10}-\sqrt{2}.$$

(5) $\sqrt{8-2\sqrt{12}}$
We have
$$\begin{aligned}\sqrt{8-2\sqrt{12}} &= \sqrt{6-2\sqrt{12}+2} \\ &= \sqrt{\sqrt{6}^2 - 2\sqrt{12} + \sqrt{2}^2} \\ &= \sqrt{\left(\sqrt{6}-\sqrt{2}\right)^2} \\ &= \sqrt{6}-\sqrt{2}.\end{aligned}$$

Exercises

1- Compute the following expressions:

(1) $\sqrt{9}$;

(2) $\sqrt{16}$;

(3) $\sqrt{36}$;

(4) $-\sqrt{64}$;

(5) $-\sqrt{100}$;

(6) $\sqrt{121}$;

(7) $-\sqrt{144}$;

(8) $\sqrt{625}$;

(9) $\sqrt[3]{8}$;

(10) $\sqrt[3]{-8}$;

(11) $-\sqrt[3]{27}$;

(12) $-\sqrt[3]{64}$;

(13) $\sqrt[3]{125}$;

(14) $\sqrt[3]{216}$;

(15) $\sqrt[3]{1000}$.

2- Compute the following expressions:

(1) $\sqrt{\dfrac{9}{16}}$;

(2) $\sqrt{\dfrac{49}{9}}$;

(3) $-\sqrt{\dfrac{81}{4}}$;

(4) $\sqrt{\dfrac{169}{49}}$;

(5) $\sqrt{\dfrac{196}{25}}$;

(6) $-\sqrt{\dfrac{400}{225}}$;

(7) $\sqrt[3]{\dfrac{1}{8}}$;

(8) $\sqrt[3]{-\dfrac{8}{27}}$;

(9) $\sqrt[3]{\dfrac{64}{125}}$;

(10) $\sqrt[3]{\dfrac{512}{343}}$;

(11) $\sqrt[3]{-\dfrac{216}{1000}}$.

3- Simplify the following expressions:

(1) $\sqrt{16^3}$;

(2) $-\sqrt[3]{36^2}$;

(3) $\sqrt{64^3}$;

(4) $\left(\sqrt[3]{-8}\right)^3$;

(5) $\sqrt[3]{-27}$;

(6) $\sqrt[3]{1^5}$;

(7) $\sqrt[3]{8^2}$;

(8) $\sqrt[3]{64^2}$;

(9) $\sqrt[3]{(-27)^2}$;

(10) $\sqrt{y^2}$;

(11) $\sqrt{x^4}$;

(12) $\sqrt{x^2 y^4}$;

(13) $-\sqrt{y^6}$;

(14) $\sqrt{\dfrac{16}{x^2}}$;

(15) $\sqrt{\dfrac{100}{n^4}}$;

(16) $\sqrt[3]{8x^3}$;

(17) $-\sqrt{64m^3}$;

(18) $\sqrt{(2x)^2}$;

(19) $\sqrt[3]{(-5y)^3}$;

(20) $\sqrt{(4-a)^2}$;

(21) $\sqrt[3]{(x+3)^3}$;

(22) $\sqrt{16b^2 + 24b + 9}$;

(23) $\sqrt{9x^2 - 30x + 25}$;

(24) $\sqrt{4m^2 - 20mn + 25n^2}$;

(25) $\sqrt{49x^2 - 112xy + 64y^2}$.

4- Simplify the following expressions:

(1) $\sqrt{18}$;

(2) $-\sqrt{48}$;

(3) $\sqrt{75}$;

(4) $\sqrt{\dfrac{30}{49}}$;

(5) $\sqrt{\dfrac{10}{21}}$;

(6) $\sqrt[3]{40}$;

(7) $\sqrt[3]{54}$;

(8) $-\sqrt[3]{128}$;

(9) $\sqrt[3]{192}$;

(10) $\sqrt[3]{\dfrac{3m}{8n^3}}$;

(11) $\sqrt[3]{16a^5}$;

(12) $\sqrt{36a^2 b^3}$;

(13) $\sqrt{27a^4b^3}$;

(14) $\sqrt{72x^5y^2}$;

(15) $-\sqrt{112a^3b^4}$;

(16) $\sqrt{80m^4n^3}$;

(17) $\sqrt{64x^2y^3}$;

(18) $\sqrt[3]{16m^3n^3}$;

(19) $\sqrt[3]{-54x^4b^3}$;

(20) $-\sqrt[3]{128a^5y^3}$;

(21) $\sqrt[3]{24p^3q^5}$.

5- Compute the following expressions:

(1) $3\sqrt{2} - 4\sqrt{2} + 5\sqrt{2} - 3\sqrt{2}$;

(2) $5\sqrt{2} - 3\sqrt{3} - 6\sqrt{2} + 5\sqrt{3}$;

(3) $3\sqrt{15} - 4\sqrt{3} - 3\sqrt{15} + 6\sqrt{3}$;

(4) $4\sqrt{3} - 2\sqrt{17} + 3\sqrt{17} - 3\sqrt{3} - 2\sqrt{3}$;

(5) $2\sqrt[3]{2} - 8\sqrt[3]{3} + \sqrt[3]{2} + 3\sqrt[3]{3}$;

(6) $8\sqrt[3]{2} - 3\sqrt[3]{3} - 5\sqrt[3]{2} + 2\sqrt[3]{3}$;

(7) $\frac{2}{3}\sqrt{27} - \frac{3}{4}\sqrt{48}$;

(8) $\frac{1}{4}\sqrt{288} - \frac{1}{6}\sqrt{72}$;

(9) $\frac{3}{5}\sqrt{75} - \frac{2}{3}\sqrt{27}$;

(10) $5\sqrt[3]{128} - 3\sqrt[3]{250}$;

(11) $3\sqrt[3]{81} - \frac{1}{2}\sqrt[3]{192}$;

(12) $4\sqrt[3]{54} - 3\sqrt[3]{128}$.

6- Compute the following expressions:

(1) $2\sqrt{8} - 3\sqrt{98} - 2\sqrt{200}$;

(2) $-3\sqrt{50} - \sqrt{32} + 5\sqrt{200}$;

(3) $3\sqrt{175} - 2\sqrt{28} + 3\sqrt{63} - \sqrt{112}$;

(4) $\sqrt{108} - 2\sqrt{27} - \sqrt{40} - 5\sqrt{160}$;

(5) $2\sqrt[3]{16} + 3\sqrt[3]{54} - 2\sqrt[3]{128}$;

(6) $3\sqrt[3]{81} + \frac{1}{2}\sqrt[3]{128} - 3\sqrt[3]{192} + 4\sqrt[3]{54}$;

(7) $4\sqrt[3]{54} - 6\sqrt[3]{81} - 4\sqrt[3]{16} + 3\sqrt[3]{24}$;

(8) $-2\sqrt[3]{40} - 3\sqrt[3]{135} + 5\sqrt[3]{320} + 8\sqrt[3]{5}$.

7- Compute the following expressions:

(1) $-2\left(2\sqrt{12}-\sqrt{18}\right)-5\left(3\sqrt{32}-\sqrt{27}\right)$;

(2) $3\left(3\sqrt[3]{40}-\sqrt[3]{135}\right)+4\left(\sqrt[3]{320}-\sqrt[3]{40}\right)$;

(3) $\dfrac{2}{3}\sqrt{27}-3\sqrt{48}+\dfrac{4}{5}\sqrt{50}-\dfrac{4}{3}\sqrt{18}$;

(4) $\dfrac{2}{3}\sqrt[3]{81}-\dfrac{1}{2}\sqrt[3]{24}+\dfrac{2}{3}\sqrt[3]{135}-\dfrac{3}{2}\sqrt[3]{40}$.

8- Let a, b, x, y and z are positive real numbers. Compute the following expressions:

(1) $-3\sqrt{32x}+6\sqrt{8x}$;

(2) $2\sqrt{125x^2z}+8x\sqrt{80z}$;

(3) $7a\sqrt{b^3}+b\sqrt{4a^2b}-\sqrt{4b}$;

(4) $8b\sqrt{49b}-7\sqrt{9b^3}+a\sqrt{4a}+\sqrt{a^3}$;

(5) $3xy\sqrt{x^2y}-2\sqrt{x^4y^3}$;

(6) $-3a\sqrt{a^3b^5}-2b\sqrt{a^5b^3}+5\sqrt{a^3b^3}$;

(7) $8a\sqrt[3]{54a}+6\sqrt[3]{16a^4}$;

(8) $3\sqrt[3]{x^4y}-6x\sqrt[3]{xy^4}+2\sqrt[3]{x^4y^4}$.

9- Given that $a = 5$ and $b = 3$. Calculate
$$A = \sqrt{ab}-\sqrt{ab^3}-\sqrt{9a^3b^3}-\sqrt{a^3b}$$
and
$$B = \sqrt{4a}+a\sqrt{a^2b}+\sqrt{b^2a}+b\sqrt{9b}.$$

9- Compute the following expressions:

(1) $3\sqrt{5}\left(2\sqrt{18}-3\sqrt{48}\right)$;

(2) $-3\sqrt{3}\left(3\sqrt{6}-3\sqrt{2}\right)$;

(3) $\dfrac{1}{2}\sqrt{3}\left(2\sqrt{48}-3\sqrt{32}\right)$;

(4) $\dfrac{3}{2}\sqrt{2}\left(2\sqrt{18}-3\sqrt{48}\right)$;

(5) $-4\sqrt[3]{3}\left(2\sqrt[3]{6}-2\sqrt[3]{5}\right)$;

(6) $2\sqrt[3]{5}\left(3\sqrt[3]{3}-5\sqrt[3]{2}\right)$;

(7) $3\sqrt[3]{3}\left(3\sqrt[3]{8}-2\sqrt[3]{18}\right)$;

(8) $-3\sqrt[3]{5}\left(4\sqrt[3]{20}-2\sqrt[3]{45}\right)$.

10- Compute the following expressions:

(1) $\left(2\sqrt{3}-8\right)\left(9+2\sqrt{5}\right)$;

(2) $\left(3\sqrt{5}-2\sqrt{10}\right)\left(\sqrt{50}-2\sqrt{80}\right)$;

(3) $\left(\sqrt{50}-\sqrt{75}\right)\left(\sqrt{32}-\sqrt{48}\right)$;

(4) $\left(\sqrt{125}-\sqrt{75}\right)\left(\sqrt{80}-\sqrt{48}\right)$;

(5) $\left(3\sqrt[3]{18}+3\sqrt[3]{27}\right)\left(2\sqrt[3]{8}-2\sqrt[3]{12}\right)$;

(6) $\left(\sqrt[3]{80}-2\sqrt[3]{27}\right)\left(-3\sqrt[3]{20}-3\sqrt[3]{12}\right)$.

10- Given that $a=3\sqrt{5}-2\sqrt{10}, b=5\sqrt{7}+2\sqrt{10}, c=\sqrt[3]{18}-\sqrt[3]{27}$ and $d=3\sqrt[3]{6}+\sqrt[3]{8}$. Compute the following expressions:

(1) $-3ab$;
(2) a^2+b^2;
(3) a^2-2b^2;
(4) b^2-2ab;
(5) $\dfrac{1}{2}cd$;
(6) c^2-b^2;
(7) c^2+2cd.

11- Simplify the following expressions:

(1) $\sqrt{\dfrac{b^2}{b^2-14b+49}}$;

(2) $\sqrt{\dfrac{49x^2-56x+16}{36x^2}}$;

(3) $\sqrt{\dfrac{a^2+16ab+64b^2}{a^2+10ab+25b^2}}$;

(4) $\sqrt{\dfrac{25b^2+10ab+a^2}{16b^2+24ab+9a^2}}$.

12- Given that $m=3\sqrt{8}+\sqrt{5}$ and $n=3\sqrt{8}-\sqrt{5}$. Calculate

(1) $\dfrac{mn+m^2}{m}$;

(2) $\dfrac{m^2-n^2}{m+n}$;

(3) $\dfrac{n^2-2mn}{n^2}$.

13- Rationalize the denominators of the following fractions:

(1) $\dfrac{36-\sqrt{6}}{\sqrt{8}}$;

(2) $\dfrac{\sqrt{3}+\sqrt{5}}{3\sqrt{20}}$;

(3) $\dfrac{8}{2\sqrt{75}-3\sqrt{50}}$;

(4) $\dfrac{2\sqrt{3}}{2\sqrt{80}-\sqrt{45}}$;

(5) $\dfrac{9-\sqrt[3]{3}}{2\sqrt[3]{32}}$;

(6) $\dfrac{5\sqrt[3]{4}+\sqrt[3]{3}}{8\sqrt[3]{13}}$;

(7) $\dfrac{2\sqrt[3]{6}}{2\sqrt[3]{27}-\sqrt[3]{9}}$;

(8) $\dfrac{2\sqrt[3]{2}}{\sqrt[3]{16}-\sqrt[3]{12}}$.

Solutions

1- Compute the following expressions:

(1) $\sqrt{9} = \sqrt{3^2} = 3.$

(2) $\sqrt{16} = \sqrt{4^2} = 4.$

(3) $\sqrt{36} = \sqrt{6^2} = 6.$

(4) $-\sqrt{64} = -\sqrt{8^2} = -8.$

(5) $-\sqrt{100} = -\sqrt{10^2} = -10.$

(6) $\sqrt{121} = \sqrt{11^2} = 11.$

(7) $-\sqrt{144} = -\sqrt{12^2} = -12.$

(8) $\sqrt{625} = \sqrt{25^2} = 25.$

(9) $\sqrt[3]{8} = \sqrt[3]{2^3} = 2.$

(10) $\sqrt[3]{-8} = \sqrt[3]{(-2)^3} = -2.$

(11) $-\sqrt[3]{27} = \sqrt[3]{3^3} = 3.$

(12) $-\sqrt[3]{64} = \sqrt[3]{4^3} = 4.$

(13) $\sqrt[3]{125} = \sqrt{5^3} = 5.$

(14) $\sqrt[3]{216} = \sqrt[3]{6^3} = 6.$

(15) $\sqrt[3]{1000} = \sqrt[3]{10^3} = 10.$

2- Compute the following expressions:

(1) $\sqrt{\dfrac{9}{16}} = \dfrac{\sqrt{9}}{\sqrt{16}} = \dfrac{\sqrt{3^2}}{\sqrt{4^2}} = \dfrac{3}{4}.$

(2) $\sqrt{\dfrac{49}{9}} = \dfrac{\sqrt{49}}{\sqrt{9}} = \dfrac{\sqrt{7^2}}{\sqrt{3^2}} = \dfrac{7}{3}.$

(3) $-\sqrt{\dfrac{81}{4}} = -\dfrac{\sqrt{81}}{\sqrt{4}} = -\dfrac{\sqrt{9^2}}{\sqrt{2^2}} = -\dfrac{9}{2}.$

(4) $\sqrt{\dfrac{169}{49}} = \dfrac{\sqrt{169}}{\sqrt{49}} = \dfrac{\sqrt{13^2}}{\sqrt{7^2}} = \dfrac{13}{7}.$

(5) $\sqrt{\dfrac{196}{25}} = \dfrac{\sqrt{196}}{\sqrt{25}} = \dfrac{\sqrt{14^2}}{\sqrt{5^2}} = \dfrac{14}{5}.$

(6) $-\sqrt{\dfrac{400}{225}} = -\dfrac{\sqrt{400}}{\sqrt{225}} = -\dfrac{\sqrt{20^2}}{\sqrt{15^2}} = -\dfrac{20}{15} = -\dfrac{4}{3}.$

(7) $\sqrt[3]{\dfrac{1}{8}} = \dfrac{\sqrt[3]{1}}{\sqrt[3]{8}} = \dfrac{\sqrt[3]{1^3}}{\sqrt[3]{2^3}} = \dfrac{1}{2}.$

(8) $\sqrt[3]{-\dfrac{8}{27}} = -\dfrac{\sqrt[3]{8}}{\sqrt[3]{27}} = -\dfrac{\sqrt[3]{2^3}}{\sqrt[3]{3^3}} = -\dfrac{2}{3}.$

(9) $\sqrt[3]{\dfrac{64}{125}} = \dfrac{\sqrt[3]{64}}{\sqrt[3]{125}} = \dfrac{\sqrt[3]{4^3}}{\sqrt[3]{5^3}} = \dfrac{4}{5}.$

(10) $\sqrt[3]{\dfrac{512}{343}} = \dfrac{\sqrt[3]{512}}{\sqrt[3]{343}} = \dfrac{\sqrt[3]{8^3}}{\sqrt[3]{7^3}} = \dfrac{8}{7}.$

(11) $\sqrt[3]{-\dfrac{216}{1000}} = -\dfrac{\sqrt[3]{216}}{\sqrt[3]{1000}} = -\dfrac{\sqrt[3]{6^3}}{\sqrt[3]{10^3}} = -\dfrac{6}{10} = -\dfrac{3}{5}.$

3- Simplify the following expressions:

(1) $\sqrt{16^3} = \sqrt{(4^2)^3} = \sqrt{(4^3)^2} = 4^3 = 64.$

(2) $-\sqrt[3]{36^2} = -\sqrt[3]{(6^2)^2} = -\sqrt[3]{6^4} = -\sqrt[3]{6 \times 6^3} = -6\sqrt[3]{6}.$

(3) $\sqrt{64^3} = \sqrt{(8^2)^3} = \sqrt{(8^3)^2} = 8^3 = 512.$

(4) $\left(\sqrt[3]{-8}\right)^3 = -8.$

(5) $\sqrt[3]{-27} = \sqrt[3]{(-3)^3} = -3.$

(6) $\sqrt[3]{1^5} = \sqrt[3]{1^3} = 1.$

(7) $\sqrt[3]{8^2} = \sqrt[3]{(2^3)^2} = \sqrt[3]{(2^2)^3} = 2^2 = 4.$

(8) $\sqrt[3]{64^2} = \sqrt[3]{(4^3)^2} = \sqrt[3]{(4^2)^3} = \sqrt[3]{4^2} = 16.$

(9) $\sqrt[3]{(-27)^2} = \sqrt[3]{27^2} = \sqrt[3]{(3^3)^2} = \sqrt[3]{(3^2)^3} = 3^2 = 9.$

(10) $\sqrt{y^2} = |y|.$

(11) $\sqrt{x^4} = \sqrt{(x^2)^2} = |x^2| = x^2.$

(12) $\sqrt{x^2 y^4} = \sqrt{x^2(y^2)^2} = \sqrt{(xy^2)^2} = |xy^2| = |x|y^2.$

(13) $-\sqrt{y^6} = -\sqrt{(y^3)^2} = -|y^3| = -|y^2 \times y| = -y^2|y|.$

(14) $\sqrt{\dfrac{16}{x^2}} = \dfrac{\sqrt{16}}{\sqrt{x^2}} = \dfrac{\sqrt{4^2}}{\sqrt{x^2}} = \dfrac{4}{|x|}.$

(15) $\sqrt{\dfrac{100}{n^4}} = \dfrac{\sqrt{100}}{\sqrt{n^4}} = \dfrac{\sqrt{10^2}}{\sqrt{(n^2)^2}} = \dfrac{10}{n^2}.$

(16) $\sqrt[3]{8x^3} = \sqrt[3]{2^3 x^3} = \sqrt[3]{(2x)^3} = 2x.$

(17) $-\sqrt{64m^3} = -\sqrt{4^3 m^3} = -\sqrt{(4m)^3} = -4m.$

(18) $\sqrt{(2x)^2} = |2x| = 2|x|.$

(19) $\sqrt[3]{(-5y)^3} = -5y.$

(20) $\sqrt{(4-a)^2} = |4-a|.$

(21) $\sqrt[3]{(x+3)^3} = x+3.$

(22) $\sqrt{16b^2 + 24b + 9} = \sqrt{(4b)^2 + 2(4b)(3) + 3^2} = \sqrt{(4b+3)^2} = |4b+3|.$

(23) $\sqrt{9x^2 - 30x + 25} = \sqrt{(3x)^2 - 2(3x)(5) + 5^2} = \sqrt{(3x-5)^2} = |3x-5|.$

(24)
$$\sqrt{4m^2 - 20mn + 25n^2} = \sqrt{(2m^2) - 2(2m)(5n) + (5n)^2}$$
$$= \sqrt{(2m-5n)^2}$$
$$= |2m-5n|.$$

(25)
$$\sqrt{49x^2 - 112xy + 64y^2} = \sqrt{(7x)^2 - 2(7x)(8y) + (8y)^2}$$
$$= \sqrt{(7x-8y)^2}$$
$$= |7x-8y|.$$

4- Simplify the following expressions:

(1) $\sqrt{18} = \sqrt{2 \times 3^2} = 3\sqrt{2}.$

(2) $-\sqrt{48} = -\sqrt{4^2 \times 3} = -4\sqrt{3}.$

(3) $\sqrt{75} = \sqrt{5^2 \times 3} = 5\sqrt{3}.$

(4) $\sqrt{\dfrac{30}{49}} = \dfrac{\sqrt{30}}{\sqrt{49}} = \dfrac{\sqrt{30}}{\sqrt{7^2}} = \dfrac{\sqrt{30}}{7}.$

(5) $\sqrt{\dfrac{10}{21}} = \dfrac{\sqrt{10}}{\sqrt{21}} = \dfrac{\sqrt{10} \times \sqrt{21}}{\sqrt{21^2}} = \dfrac{\sqrt{210}}{21}.$

(6) $\sqrt[3]{40} = \sqrt[3]{2^3 \times 5} = 2\sqrt[3]{5}$.

(7) $\sqrt[3]{54} = \sqrt[3]{3^3 \times 2} = 3\sqrt[3]{2}$.

(8) $-\sqrt[3]{128} = -\sqrt[3]{4^3 \times 2} = -4\sqrt[3]{2}$.

(9) $\sqrt[3]{192} = \sqrt[3]{4^3 \times 3} = 4\sqrt[3]{3}$.

(10) $\sqrt[3]{\dfrac{3m}{8n^3}} = \dfrac{\sqrt[3]{3m}}{\sqrt[3]{8n^3}} = \dfrac{\sqrt[3]{3m}}{\sqrt[3]{(2n)^3}} = \dfrac{\sqrt[3]{3m}}{2n}$.

(11) $\sqrt[3]{16a^5} = \sqrt[3]{2^3 \times 2 \times a^3 \times a^2} = \sqrt[3]{(2a)^3 (2a^2)} = 2a\sqrt[3]{2a^2}$.

(12) $\sqrt{36a^2b^3} = \sqrt{6^2 a^2 b^2 b} = |6ab|\sqrt{b} = 6|ab|\sqrt{b}$.

(13) $\sqrt{27a^4b^3} = \sqrt{3^2 \times 3 \times (a^2)^2 \times b^2 \times b} = |3a^2 b|\sqrt{3b} = 3a|b|\sqrt{3b}$.

(14) $\sqrt{72x^5 y^2} = \sqrt{6^2 \times 2 \times (x^2)^2 \times x \times y^2} = 6|x^2 y|\sqrt{2x} = 6x^2 |y|\sqrt{2x}$.

(15) $-\sqrt{112a^3 b^4} = -\sqrt{4^2 \times 7 \times a^2 \times a \times (b^2)^2} = -|4ab^2|\sqrt{7a} = -4b^2 |a|\sqrt{7a}$.

(16) $\sqrt{80m^4 n^3} = \sqrt{4^2 \times 5 \times (m^2)^2 \times n^2 \times n} = |4m^2 n|\sqrt{5n} = 4m^2 |n|\sqrt{5n}$.

(17) $\sqrt{64x^2 y^3} = \sqrt{8^2 x^2 y^2 \times y} = |8xy|\sqrt{y} = 8|xy|\sqrt{y}$.

(18) $\sqrt[3]{16m^3 n^3} = \sqrt[3]{2^3 m^3 n^3 \times 2} = 2mn\sqrt[3]{2}$.

(19) $\sqrt[3]{-54x^4 b^3} = -\sqrt[3]{3^3 x^3 b^3 \times 2 \times b} = -3xb\sqrt[3]{2b}$.

(20) $-\sqrt[3]{128a^5 y^3} = -\sqrt[3]{4^3 a^3 y^3 \times 2a^2} = -4ay\sqrt[3]{2a^2}$.

(21) $\sqrt[3]{24p^3 q^5} = \sqrt[3]{2^3 p^3 q^3 \times 3q^2} = 2pq\sqrt[3]{3q^2}$.

5- Compute the following expressions:

(1) $3\sqrt{2} - 4\sqrt{2} + 5\sqrt{2} - 3\sqrt{2} = (3 - 4 + 5 - 3)\sqrt{2} = \sqrt{2}$.

(2) $5\sqrt{2} - 3\sqrt{3} - 6\sqrt{2} + 5\sqrt{3} = 5\sqrt{2} - 6\sqrt{2} - 3\sqrt{3} + 5\sqrt{3} = -\sqrt{2} + 2\sqrt{3}$.

(3) $3\sqrt{15} - 4\sqrt{3} - 3\sqrt{15} + 6\sqrt{3} = 3\sqrt{15} - 3\sqrt{15} - 4\sqrt{3} + 6\sqrt{3} = 2\sqrt{3}$.

(4)
$$4\sqrt{3} - 2\sqrt{17} + 3\sqrt{17} - 3\sqrt{3} - 2\sqrt{3}$$
$$= 4\sqrt{3} - 3\sqrt{3} - 2\sqrt{3} - 2\sqrt{17} + 3\sqrt{17}$$
$$= -\sqrt{3} + \sqrt{17}.$$

(5) $2\sqrt[3]{2} - 8\sqrt[3]{3} + \sqrt[3]{2} + 3\sqrt[3]{3} = 2\sqrt[3]{2} + \sqrt[3]{2} - 8\sqrt[3]{3} + 3\sqrt[3]{3} = 3\sqrt[3]{2} - 5\sqrt[3]{3}.$

(6) $8\sqrt[3]{2} - 3\sqrt[3]{3} - 5\sqrt[3]{2} + 2\sqrt[3]{3} = 8\sqrt[3]{2} - 5\sqrt[3]{2} - 3\sqrt[3]{3} + 2\sqrt[3]{3} = 3\sqrt[3]{2} - \sqrt[3]{3}.$

(7)
$$\frac{2}{3}\sqrt{27} - \frac{3}{4}\sqrt{48} = \frac{2}{3}\sqrt{3^2 \times 3} - \frac{3}{4}\sqrt{4^2 \times 3}$$
$$= \frac{2}{3}(3)\sqrt{3} - \frac{3}{4}(4)\sqrt{3}$$
$$= 2\sqrt{3} - 3\sqrt{3} = -\sqrt{3}.$$

(8)
$$\frac{1}{4}\sqrt{288} - \frac{1}{6}\sqrt{72} = \frac{1}{4}\sqrt{12^2 \times 2} - \frac{1}{6}\sqrt{6^2 \times 2}$$
$$= \frac{1}{4}(12)\sqrt{2} - \frac{1}{6}(6)\sqrt{2}$$
$$= 3\sqrt{2} - \sqrt{2} = 2\sqrt{2}.$$

(9)
$$\frac{3}{5}\sqrt{75} - \frac{2}{3}\sqrt{27} = \frac{3}{5}\sqrt{5^2 \times 3} - \frac{2}{3}\sqrt{3^2 \times 3}$$
$$= \frac{3}{5}(5)\sqrt{3} - \frac{2}{3}(3)\sqrt{3}$$
$$= 3\sqrt{3} - 2\sqrt{3} = \sqrt{3}.$$

(10)
$$5\sqrt[3]{128} - 3\sqrt[3]{250} = 5\sqrt[3]{4^3 \times 2} - 3\sqrt[3]{5^3 \times 2}$$
$$= 5(4)\sqrt[3]{2} - 3(5)\sqrt[3]{2}$$
$$= 20\sqrt[3]{2} - 15\sqrt[3]{2} = 5\sqrt[3]{2}.$$

(11)
$$3\sqrt[3]{81} - \frac{1}{2}\sqrt[3]{192} = 3\sqrt[3]{3^3 \times 3} - \frac{1}{2}\sqrt[3]{4^3 \times 3}$$
$$= 3(3)\sqrt[3]{3} - \frac{1}{2}(4)\sqrt[3]{3}$$
$$= 9\sqrt[3]{3} - 2\sqrt[3]{3} = 7\sqrt[3]{3}.$$

(12)
$$4\sqrt[3]{54} - 3\sqrt[3]{128} = 4\sqrt[3]{3^3 \times 2} - 3\sqrt[3]{4^3 \times 2}$$
$$= 4(3)\sqrt[3]{2} - 3(4)\sqrt[3]{2} = 12\sqrt[3]{2} - 12\sqrt[3]{2} = 0.$$

6- Compute the following expressions:

(1)
$$2\sqrt{8} - 3\sqrt{98} - 2\sqrt{200} = 2\sqrt{2^2 \times 2} - 3\sqrt{7^2 \times 2} - 2\sqrt{10^2 \times 2}$$
$$= 4\sqrt{2} - 21\sqrt{2} - 20\sqrt{2}$$
$$= -37\sqrt{2}.$$

(2)
$$-3\sqrt{50} - \sqrt{32} + 5\sqrt{200} = -3\sqrt{5^2 \times 2} - \sqrt{4^2 \times 2} + 5\sqrt{10^2 \times 2}$$
$$= -15\sqrt{2} - 4\sqrt{2} + 50\sqrt{2}$$
$$= 31\sqrt{2}.$$

(3)
$$3\sqrt{175} - 2\sqrt{28} + 3\sqrt{63} - \sqrt{112}$$
$$= 3\sqrt{5^2 \times 7} - 2\sqrt{2^2 \times 7} + 3\sqrt{3^2 \times 7} - \sqrt{4^2 \times 7}$$
$$= 15\sqrt{7} - 4\sqrt{7} + 9\sqrt{7} - 4\sqrt{7} = 16\sqrt{7}.$$

(4)
$$\sqrt{108} - 2\sqrt{27} - \sqrt{40} - 5\sqrt{160}$$
$$= \sqrt{6^2 \times 3} - 2\sqrt{3^2 \times 3} - \sqrt{2^2 \times 10} - 5\sqrt{4^2 \times 10}$$
$$= 6\sqrt{3} - 6\sqrt{3} - 2\sqrt{10} - 20\sqrt{10} = -22\sqrt{10}.$$

(5)
$$2\sqrt[3]{16} + 3\sqrt[3]{54} - 2\sqrt[3]{128}$$
$$= 2\sqrt[3]{2^3 \times 2} + 3\sqrt[3]{3^3 \times 2} - 2\sqrt[3]{4^3 \times 2}$$
$$= 4\sqrt[3]{2} + 9\sqrt[3]{2} - 8\sqrt[3]{2} = 5\sqrt[3]{2}.$$

(6)
$$3\sqrt[3]{81} + \frac{1}{2}\sqrt[3]{128} - 3\sqrt[3]{192} + 4\sqrt[3]{54}$$
$$= 3\sqrt[3]{3^3 \times 3} + \frac{1}{2}\sqrt[3]{4^3 \times 2} - 3\sqrt[3]{4^3 \times 3} + 4\sqrt[3]{3^3 \times 2}$$
$$= 9\sqrt[3]{3} + 2\sqrt[3]{2} - 12\sqrt[3]{3} + 12\sqrt[3]{2} = 14\sqrt[3]{2} - 3\sqrt[3]{3}.$$

(7)

$$4\sqrt[3]{54} - 6\sqrt[3]{81} - 4\sqrt[3]{16} + 3\sqrt[3]{24}$$
$$= 4\sqrt[3]{3^3 \times 2} - 6\sqrt[3]{3^3 \times 3} - 4\sqrt[3]{2^3 \times 2} + 3\sqrt[3]{2^3 \times 3}$$
$$= 12\sqrt[3]{2} - 18\sqrt[3]{3} - 8\sqrt[3]{2} + 6\sqrt[3]{3}$$
$$= 4\sqrt[3]{2} - 12\sqrt[3]{3}.$$

(8)

$$-2\sqrt[3]{40} - 3\sqrt[3]{135} + 5\sqrt[3]{320} + 8\sqrt[3]{5}$$
$$= -2\sqrt[3]{2^3 \times 5} - 3\sqrt[3]{3^3 \times 5} + 5\sqrt[3]{4^3 \times 5} + 8\sqrt[3]{5}$$
$$= 5\sqrt[3]{40} - 3\sqrt[3]{135} + 4\sqrt[3]{320}$$
$$= -4\sqrt[3]{5} - 9\sqrt[3]{5} + 20\sqrt[3]{5} + 8\sqrt[3]{5} = 15\sqrt[3]{5}.$$

7- Compute the following expressions:

(1) $-2\left(2\sqrt{12} - \sqrt{18}\right) - 5\left(3\sqrt{32} - \sqrt{27}\right)$
We have

$$-2\left(2\sqrt{12} - \sqrt{18}\right) - 5\left(3\sqrt{32} - \sqrt{27}\right)$$
$$= -4\sqrt{12} + 2\sqrt{18} - 15\sqrt{32} + 5\sqrt{27}$$
$$= -4\sqrt{2^2 \times 3} + 2\sqrt{3^2 \times 2} - 15\sqrt{4^2 \times 2} + 5\sqrt{3^2 \times 3}$$
$$= -8\sqrt{3} + 6\sqrt{2} - 60\sqrt{2} + 15\sqrt{3}$$
$$= -54\sqrt{2} + 7\sqrt{3}.$$

(2) $3\left(3\sqrt[3]{40} - \sqrt[3]{135}\right) + 4\left(\sqrt[3]{320} - \sqrt[3]{40}\right)$
We have

$$3\left(3\sqrt[3]{40} - \sqrt[3]{135}\right) + 4\left(\sqrt[3]{320} - \sqrt[3]{40}\right)$$
$$= 9\sqrt[3]{40} - 3\sqrt[3]{135} + 4\sqrt[3]{320} - 4\sqrt[3]{40}$$
$$= 5\sqrt[3]{2^3 \times 5} - 3\sqrt[3]{3^3 \times 5} + 4\sqrt[3]{4^3 \times 5}$$
$$= 10\sqrt[3]{5} - 9\sqrt[3]{5} + 16\sqrt[3]{5}$$
$$= 17\sqrt[3]{5}.$$

(3) $\frac{2}{3}\sqrt{27} - 3\sqrt{48} + \frac{4}{5}\sqrt{50} - \frac{4}{3}\sqrt{18}$
We have

$$\frac{2}{3}\sqrt{27} - 3\sqrt{48} + \frac{4}{5}\sqrt{50} - \frac{4}{3}\sqrt{18}$$
$$= \frac{2}{3}\sqrt{27} - 3\sqrt{48} + \frac{4}{5}\sqrt{50} - \frac{4}{3}\sqrt{18}$$
$$= \frac{2}{3}\sqrt{3^2 \times 3} - 3\sqrt{4^2 \times 3} + \frac{4}{5}\sqrt{5^2 \times 2} - \frac{4}{3}\sqrt{3^2 \times 2}$$
$$= 2\sqrt{3} - 12\sqrt{3} + 4\sqrt{2} - 4\sqrt{2}$$
$$= -10\sqrt{2}.$$

(4) $\frac{2}{3}\sqrt[3]{81} - \frac{1}{2}\sqrt[3]{24} + \frac{2}{3}\sqrt[3]{135} - \frac{3}{2}\sqrt[3]{40}$
We have

$$\frac{2}{3}\sqrt[3]{81} - \frac{1}{2}\sqrt[3]{24} + \frac{2}{3}\sqrt[3]{135} - \frac{3}{2}\sqrt[3]{40}$$
$$= \frac{2}{3}\sqrt[3]{3^3 \times 3} - \frac{1}{2}\sqrt[3]{2^3 \times 3} + \frac{2}{3}\sqrt[3]{3^3 \times 5} - \frac{3}{2}\sqrt[3]{2^3 \times 5}$$
$$= 2\sqrt[3]{3} - \sqrt[3]{3} + 2\sqrt[3]{5} - 3\sqrt[3]{5}$$
$$= \sqrt[3]{3} - \sqrt[3]{5}.$$

8- Compute the following expressions:

(1) $-3\sqrt{32x} + 6\sqrt{8x}$
We have

$$-3\sqrt{32x} + 6\sqrt{8x} = -3\sqrt{4^2 \times 2x} + 6\sqrt{2^2 \times 2x}$$
$$= -12\sqrt{2x} + 12\sqrt{2x} = 0.$$

(2) $2\sqrt{125x^2z} + 8x\sqrt{80z}$
We have

$$2\sqrt{125x^2z} + 8x\sqrt{80z} = 2\sqrt{5^2x^2 \times 5z} + 8x\sqrt{4^2 \times 5z}$$
$$= 10x\sqrt{5z} + 32x\sqrt{5z} = 42x\sqrt{5z}.$$

(3) $7a\sqrt{b^3} + b\sqrt{4a^2b} - \sqrt{4b}$
We have

$$7a\sqrt{b^3} + b\sqrt{4a^2b} - \sqrt{4b} = 7a\sqrt{b^2 \times b} + b\sqrt{2^2a^2 \times b} - \sqrt{2^2b}$$
$$= 7ab\sqrt{b} + 2ab\sqrt{b} - 2\sqrt{b}$$
$$= 9ab\sqrt{b} - 2\sqrt{b} = (9ab - 2)\sqrt{b}.$$

(4) $8b\sqrt{49b} - 7\sqrt{9b^3} + a\sqrt{4a} + \sqrt{a^3}$
We have
$$8b\sqrt{49b} - 7\sqrt{9b^3} + a\sqrt{4a} + \sqrt{a^3}$$
$$= 8b\sqrt{7^2 b} - 7\sqrt{3^2 b^2 \times b} + a\sqrt{2^2 a} + \sqrt{a^2 \times a}$$
$$= 56b\sqrt{b} - 21b\sqrt{b} + 2a\sqrt{a} + a\sqrt{a}$$
$$= 35b\sqrt{b} + 3a\sqrt{a}.$$

(5) $3xy\sqrt{x^2 y} - 2\sqrt{x^4 y^3}$
We have
$$3xy\sqrt{x^2 y} - 2\sqrt{x^4 y^3} = 3xy\sqrt{x^2 y} - 2\sqrt{(x^2 y)^2 y}$$
$$= 3x^2 y\sqrt{y} - 2x^2 y\sqrt{y} = x^2 y\sqrt{y}.$$

(6) $-3a\sqrt{a^3 b^5} - 2b\sqrt{a^5 b^3} + 5\sqrt{a^3 b^3}$
We have
$$-3a\sqrt{a^3 b^5} - 2b\sqrt{a^5 b^3} + 5\sqrt{a^5 b^5}$$
$$= -3a\sqrt{(ab^2)^2 ab} - 2b\sqrt{(a^2 b)^2 ab} + 5\sqrt{(a^2 b^2)^2 ab}$$
$$= -3a^2 b^2 \sqrt{ab} - 2a^2 b^2 \sqrt{ab} + 5a^2 b^2 \sqrt{ab} = 0.$$

(7) $8a\sqrt[3]{54a} + 6\sqrt[3]{16a^4}$
We have
$$8a\sqrt[3]{54a} + 6\sqrt[3]{16a^4} = 8a\sqrt[3]{3^3 \times 2a} + 6\sqrt[3]{2^3 a^3 \times 2a}$$
$$= 24a\sqrt[3]{2a} + 12a\sqrt[3]{2a} = 36a\sqrt[3]{2a}.$$

(8) $3\sqrt[3]{x^4 y} - 6x\sqrt[3]{xy^4} + 2\sqrt[3]{x^4 y^4}$
We have
$$3\sqrt[3]{x^4 y} - 6x\sqrt[3]{xy^4} + 2\sqrt[3]{x^4 y^4} = 3x\sqrt[3]{xy} - 6xy\sqrt[3]{xy} + 2xy\sqrt[3]{xy}$$
$$= (3x - 6xy + 2xy)\sqrt[3]{xy}$$
$$= (3x - 4xy)\sqrt[3]{xy}.$$

9- Compute A and B.
Since $a = 5$ and $b = 3$, it follows that
$$A = \sqrt{ab} - \sqrt{ab^3} - \sqrt{9a^3 b^3} - \sqrt{a^3 b}$$
$$= \sqrt{ab} - b\sqrt{ab} - 3ab\sqrt{ab} - a\sqrt{ab}$$
$$= (1 - b - 3ab - a)\sqrt{ab}$$
$$= (1 - 3 - 3 \times 5 \times 3 - 5)\sqrt{3 \times 5}$$
$$= (1 - 3 - 45 - 5)\sqrt{15} = -52\sqrt{15}$$

and
$$B = \sqrt{4a} + a\sqrt{a^2b} + \sqrt{b^2a} + b\sqrt{9b}$$
$$= 2\sqrt{a} + a^2\sqrt{b} + b\sqrt{a} + 3b\sqrt{b}$$
$$= (2+b)\sqrt{a} + (a^2+3b)\sqrt{b}$$
$$= (2+3)\sqrt{5} + (5^2+3\times 3)\sqrt{3}$$
$$= 5\sqrt{5} + 34\sqrt{3}.$$

9- Compute the following expressions:

(1) $3\sqrt{5}\left(2\sqrt{18} - 3\sqrt{48}\right)$

We have
$$3\sqrt{5}\left(2\sqrt{18} - 3\sqrt{48}\right) = 3\sqrt{5}\left(2\sqrt{3^2\times 2} - 3\sqrt{4^2\times 3}\right)$$
$$= 3\sqrt{5}\left(6\sqrt{2} - 12\sqrt{3}\right)$$
$$= 18\sqrt{10} - 36\sqrt{15}.$$

(2) $-3\sqrt{3}\left(3\sqrt{6} - 3\sqrt{2}\right)$

We have
$$-3\sqrt{3}\left(3\sqrt{6} - 3\sqrt{2}\right) = -9\sqrt{18} + 9\sqrt{6}$$
$$= -9\sqrt{3^2\times 2} + 9\sqrt{6} = -27\sqrt{2} + 9\sqrt{6}.$$

(3) $\dfrac{1}{2}\sqrt{3}\left(2\sqrt{48} - 3\sqrt{32}\right)$

We have
$$\dfrac{1}{2}\sqrt{3}\left(2\sqrt{48} - 3\sqrt{32}\right) = \dfrac{1}{2}\sqrt{3}\left(2\sqrt{4^2\times 3} - 3\sqrt{4^2\times 2}\right)$$
$$= \dfrac{1}{2}\sqrt{3}\left(8\sqrt{3} - 12\sqrt{2}\right)$$
$$= 4\sqrt{3^2} - 6\sqrt{6} = 12 - 6\sqrt{6}.$$

(4) $\dfrac{3}{2}\sqrt{2}\left(2\sqrt{18} - 3\sqrt{48}\right)$

We have
$$\dfrac{3}{2}\sqrt{2}\left(2\sqrt{18} - \sqrt{48}\right) = \dfrac{3}{2}\sqrt{2}\left(2\sqrt{3^2\times 2} - \sqrt{4^2\times 3}\right)$$
$$= \dfrac{3}{2}\sqrt{2}\left(6\sqrt{2} - 4\sqrt{3}\right)$$
$$= 9\sqrt{2^2} - 6\sqrt{6} = 18 - 6\sqrt{6}.$$

(5) $-4\sqrt[3]{3}\left(2\sqrt[3]{6} - 2\sqrt[3]{5}\right)$

We have
$$-4\sqrt[3]{3}\left(2\sqrt[3]{6} - 2\sqrt[3]{5}\right) = -8\sqrt[3]{18} + 8\sqrt[3]{15}.$$

(6) $2\sqrt[3]{5}\left(3\sqrt[3]{3}-5\sqrt[3]{2}\right)$
We have

$$2\sqrt[3]{5}\left(3\sqrt[3]{3}-5\sqrt[3]{2}\right) = 6\sqrt[3]{15} - 10\sqrt[3]{10}.$$

(7) $3\sqrt[3]{3}\left(3\sqrt[3]{8}-2\sqrt[3]{18}\right)$
We have

$$\begin{aligned}3\sqrt[3]{3}\left(3\sqrt[3]{8}-2\sqrt[3]{18}\right) &= 3\sqrt[3]{3}\left(3\sqrt[3]{2^3}-2\sqrt[3]{3^2\times 2}\right)\\ &= 3\sqrt[3]{3}\left(4-2\sqrt[3]{3^2\times 2}\right)\\ &= 12\sqrt[3]{3}-6\sqrt[3]{3^3\times 2}\\ &= 12\sqrt[3]{3}-18\sqrt[3]{2}.\end{aligned}$$

(8) $-3\sqrt[3]{5}\left(4\sqrt[3]{20}-2\sqrt[3]{45}\right)$
We have

$$-3\sqrt[3]{5}\left(4\sqrt[3]{20}-2\sqrt[3]{45}\right) = -12\sqrt[3]{100}+6\sqrt[3]{225}.$$

10- Compute the following expressions:

(1) $\left(2\sqrt{3}-8\right)\left(9+2\sqrt{5}\right)$
We have

$$\begin{aligned}\left(2\sqrt{3}-8\right)\left(9+2\sqrt{5}\right) &= 18\sqrt{3}+4\sqrt{15}-72-16\sqrt{5}\\ &= -72+18\sqrt{3}-16\sqrt{5}+4\sqrt{15}.\end{aligned}$$

(2) $\left(3\sqrt{5}-2\sqrt{10}\right)\left(\sqrt{50}-2\sqrt{80}\right)$
We have

$$\begin{aligned}\left(3\sqrt{5}-2\sqrt{10}\right)\left(\sqrt{50}-2\sqrt{80}\right) &= \left(3\sqrt{5}-2\sqrt{10}\right)\left(\sqrt{5^2\times 2}-2\sqrt{4^2\times 5}\right)\\ &= \left(3\sqrt{5}-2\sqrt{10}\right)\left(5\sqrt{2}-8\sqrt{5}\right)\\ &= 15\sqrt{10}-24\sqrt{5^2}-10\sqrt{20}+16\sqrt{50}\\ &= 25\sqrt{10}-120-20\sqrt{5}+80\sqrt{2}\\ &= -120+80\sqrt{2}-20\sqrt{5}+25\sqrt{10}.\end{aligned}$$

(3) $\left(\sqrt{50} - \sqrt{75}\right)\left(\sqrt{32} - \sqrt{48}\right)$
We have

$$\left(\sqrt{50} - \sqrt{75}\right)\left(\sqrt{32} - \sqrt{48}\right)$$
$$= \left(\sqrt{5^2 \times 2} - \sqrt{5^2 \times 3}\right)\left(\sqrt{4^2 \times 2} - \sqrt{4^2 \times 3}\right)$$
$$= \left(5\sqrt{2} - 5\sqrt{3}\right)\left(4\sqrt{2} - 4\sqrt{3}\right)$$
$$= 20\left(\sqrt{2} - \sqrt{3}\right)^2$$
$$= 20\left(\sqrt{2^2} - 2\sqrt{6} + \sqrt{3^2}\right)$$
$$= 20\left(2 - 2\sqrt{6} + 3\right)$$
$$= 20\left(5 - 2\sqrt{6}\right)$$
$$= 100 - 40\sqrt{6}.$$

(4) $\left(\sqrt{125} - \sqrt{75}\right)\left(\sqrt{80} - \sqrt{48}\right)$
We have

$$\left(\sqrt{125} - \sqrt{75}\right)\left(\sqrt{80} - \sqrt{48}\right)$$
$$= \left(\sqrt{5^2 \times 5} - \sqrt{5^2 \times 3}\right)\left(\sqrt{4^2 \times 5} - \sqrt{4^2 \times 3}\right)$$
$$= \left(5\sqrt{5} - 5\sqrt{3}\right)\left(4\sqrt{5} - 4\sqrt{3}\right)$$
$$= 20\left(\sqrt{5} - \sqrt{3}\right)^2$$
$$= 20\left(\sqrt{5^2} - 2\sqrt{15} + \sqrt{3^2}\right)$$
$$= 20\left(5 - 2\sqrt{15} + 3\right)$$
$$= 20\left(8 - 2\sqrt{15}\right)$$
$$= 160 - 40\sqrt{15}.$$

(5) $\left(3\sqrt[3]{18}+3\sqrt[3]{27}\right)\left(2\sqrt[3]{8}-2\sqrt[3]{12}\right)$
We have

$$\left(3\sqrt[3]{18}+3\sqrt[3]{27}\right)\left(2\sqrt[3]{8}-2\sqrt[3]{12}\right)$$
$$=\left(3\sqrt[3]{18}+3\sqrt[3]{3^3}\right)\left(2\sqrt[3]{2^3}-2\sqrt[3]{12}\right)$$
$$=\left(3\sqrt[3]{18}+9\right)\left(4-2\sqrt[3]{12}\right)$$
$$=12\sqrt[3]{18}-6\sqrt[3]{6^3}+36-18\sqrt[3]{12}$$
$$=12\sqrt[3]{18}-36+36-18\sqrt[3]{12}$$
$$=12\sqrt[3]{18}-18\sqrt[3]{12}.$$

(6) $\left(\sqrt[3]{80}-2\sqrt[3]{27}\right)\left(-3\sqrt[3]{20}-3\sqrt[3]{12}\right)$
We have

$$\left(\sqrt[3]{80}-2\sqrt[3]{27}\right)\left(-3\sqrt[3]{20}-3\sqrt[3]{12}\right)$$
$$=\left(\sqrt[3]{2^3\times 10}-2\sqrt[3]{3^3}\right)\left(-3\sqrt[3]{20}-3\sqrt[3]{12}\right)$$
$$=\left(2\sqrt[3]{10}-6\right)\left(-3\sqrt[3]{20}-3\sqrt[3]{12}\right)$$
$$=-6\sqrt[3]{2^3\times 25}-6\sqrt[3]{2^3\times 15}+18+18\sqrt[3]{12}$$
$$=-12\sqrt[3]{25}-12\sqrt[3]{15}+18\sqrt[3]{20}+18\sqrt[3]{12}$$
$$=18\sqrt[3]{12}-12\sqrt[3]{15}+18\sqrt[3]{20}-12\sqrt[3]{25}.$$

10- Compute

(1) $-3ab$
We have

$$-3ab=-3\left(3\sqrt{5}-2\sqrt{10}\right)\left(5\sqrt{7}+2\sqrt{10}\right)$$
$$=-3\left(15\sqrt{35}+6\sqrt{50}-10\sqrt{70}-4\sqrt{10^2}\right)$$
$$=-3\left(15\sqrt{35}+30\sqrt{2}-10\sqrt{70}-40\right)$$
$$=120-90\sqrt{2}-45\sqrt{35}+30\sqrt{70}.$$

(2) $a^2 + b^2$
We have

$$\begin{aligned}a^2 + b^2 &= \left(3\sqrt{5} - 2\sqrt{10}\right)^2 + \left(5\sqrt{7} + 2\sqrt{10}\right)^2 \\ &= \left(3\sqrt{5}\right)^2 - 2\left(3\sqrt{5}\right)\left(2\sqrt{10}\right) + \left(2\sqrt{10}\right)^2 + \left(5\sqrt{7}\right)^2 \\ &\quad + 2\left(5\sqrt{7}\right)\left(2\sqrt{10}\right) + \left(2\sqrt{10}\right)^2 \\ &= 45 - 12\sqrt{50} + 40 + 175 + 20\sqrt{70} + 40 \\ &= 300 - 60\sqrt{2} + 20\sqrt{70} \\ &= 85 - 12\sqrt{50} - 2\left(215 + 20\sqrt{70}\right) \\ &= 85 - 12\sqrt{50} - 430 - 40\sqrt{70} \\ &= -345 - 60\sqrt{2} - 40\sqrt{70}.\end{aligned}$$

(3) $a^2 - 2b^2$
We have

$$\begin{aligned}a^2 - 2b^2 &= \left(3\sqrt{5} - 2\sqrt{10}\right)^2 - 2\left(5\sqrt{7} + 2\sqrt{10}\right)^2 \\ &= \left(3\sqrt{5}\right)^2 - 2\left(3\sqrt{5}\right)\left(2\sqrt{10}\right) + \left(2\sqrt{10}\right)^2 \\ &\quad - 2\left[\left(5\sqrt{7}\right)^2 + 2\left(5\sqrt{7}\right)\left(2\sqrt{10}\right) + \left(2\sqrt{10}\right)^2\right] \\ &= 45 - 12\sqrt{50} + 40 - 2\left(175 + 20\sqrt{70} + 40\right) \\ &= 85 - 60\sqrt{2} - 350 - 40\sqrt{70} - 80 \\ &= -345 - 60\sqrt{2} - 40\sqrt{70}.\end{aligned}$$

(4) $b^2 - 2ab$
We have

$$\begin{aligned}b^2 - 2ab &= \left(5\sqrt{7} + 2\sqrt{10}\right)^2 - 2\left(3\sqrt{5} - 2\sqrt{10}\right)\left(5\sqrt{7} + 2\sqrt{10}\right) \\ &= \left(5\sqrt{7}\right)^2 + 2\left(5\sqrt{7}\right)\left(2\sqrt{10}\right) + \left(2\sqrt{10}\right)^2 \\ &\quad - 2\left(15\sqrt{35} + 6\sqrt{50} - 10\sqrt{70} - 4\sqrt{10^2}\right) \\ &= 175 + 20\sqrt{70} + 40 - 2\left(15\sqrt{35} + 30\sqrt{2} - 10\sqrt{70} - 40\right) \\ &= 215 + 20\sqrt{70} - 30\sqrt{35} - 60\sqrt{2} + 20\sqrt{70} + 80 \\ &= 295 - 60\sqrt{2} - 30\sqrt{35} + 40\sqrt{70}.\end{aligned}$$

(5) $\frac{1}{2}cd$

We have

$$c = \sqrt[3]{18} - \sqrt[3]{27} = \sqrt[3]{18} - \sqrt[3]{3^3} = \sqrt[3]{18} - 3$$

and

$$d = 3\sqrt[3]{6} + \sqrt[3]{8} = 3\sqrt[3]{6} + \sqrt[3]{2^3} = 3\sqrt[3]{6} + 2.$$

It follows that

$$\begin{aligned}\frac{1}{2}cd &= \frac{1}{2}\left(\sqrt[3]{18} - 3\right)\left(3\sqrt[3]{6} + 2\right) \\ &= \frac{1}{2}\left(3\sqrt[3]{3^3 \times 4} + 2\sqrt[3]{18} - 9\sqrt[3]{6} - 6\right) \\ &= \frac{1}{2}\left(9\sqrt[3]{4} + 2\sqrt[3]{18} - 9\sqrt[3]{6} - 6\right) \\ &= -3 + \frac{9}{2}\sqrt[3]{4} - \frac{9}{2}\sqrt[3]{6} + \sqrt[3]{18}.\end{aligned}$$

(6) $c^2 - b^2$

We have

$$\begin{aligned}c^2 - b^2 &= \left(\sqrt[3]{18} - 3\right)^2 - \left(5\sqrt{7} + 2\sqrt{10}\right)^2 \\ &= \sqrt[3]{18^2} - 6\sqrt[3]{18} + 3^2 - \left[\left(5\sqrt{7}\right)^2 + 2\left(5\sqrt{7}\right)\left(2\sqrt{10}\right) + \left(2\sqrt{10}\right)^2\right] \\ &= \sqrt[3]{3^3 \times 12} - 6\sqrt[3]{18} + 9 - 175 - 20\sqrt{70} - 40 \\ &= -206 + 3\sqrt[3]{12} - 6\sqrt[3]{18} - 20\sqrt{70}.\end{aligned}$$

(7) $c^2 + 2cd$

We have

$$\begin{aligned}c^2 + 2cd &= \left(\sqrt[3]{18} - 3\right)^2 + 2\left(\sqrt[3]{18} - 3\right)\left(3\sqrt[3]{6} + 2\right) \\ &= \sqrt[3]{3^3 \times 12} - 6\sqrt[3]{18} + 9 + 2\left(\sqrt[3]{3^3 \times 4} + 2\sqrt[3]{18} - 9\sqrt[3]{6} - 6\right) \\ &= 3\sqrt[3]{12} - 6\sqrt[3]{18} + 9 + 2\left(3\sqrt[3]{4} + 2\sqrt[3]{18} - 9\sqrt[3]{6} - 6\right) \\ &= 3\sqrt[3]{12} - 6\sqrt[3]{18} + 9 + 6\sqrt[3]{4} + 4\sqrt[3]{18} - 18\sqrt[3]{6} - 12 \\ &= -12 + 6\sqrt[3]{4} - 18\sqrt[3]{6} + 3\sqrt[3]{12} - 2\sqrt[3]{18}.\end{aligned}$$

11- Simplify the following expressions:

(1) $\sqrt{\dfrac{b^2}{b^2-14b+49}}$

We have

$$\sqrt{\dfrac{b^2}{b^2-14b+49}} = \sqrt{\dfrac{b^2}{b^2-2(b)(7)+7^2}} = \sqrt{\dfrac{b^2}{(b-7)^2}}$$
$$= \left|\dfrac{b}{b-7}\right|.$$

(2) $\sqrt{\dfrac{49x^2-56x+16}{36x^2}} = \sqrt{\dfrac{(7x)^2-2(7x)(4)+4^2}{(6x)^2}} = \sqrt{\dfrac{(7x-4)^2}{(6x)^2}} = \left|\dfrac{7x-4}{6x}\right|.$

(3) $\sqrt{\dfrac{a^2+16ab+64b^2}{a^2+10ab+25b^2}} = \sqrt{\dfrac{a^2+2(a)(8b)+(8b)^2}{a^2+2(a)(5b)+(5b)^2}} = \sqrt{\dfrac{(a+8b)^2}{(a+5b)^2}} = \left|\dfrac{a+8b}{a+5b}\right|.$

(4)

$$\sqrt{\dfrac{25b^2+10ab+a^2}{16b^2+24ab+9a^2}} = \sqrt{\dfrac{(5b)^2+2(5b)(a)+a^2}{(4b)^2+2(4b)(3a)+(3a)^2}}$$
$$= \sqrt{\dfrac{(5b+a)^2}{(4b+3a)^2}}$$
$$= \left|\dfrac{5b+a}{4b+3a}\right| = \left|\dfrac{a+5b}{3a+4b}\right|.$$

12- Calculate:

(1) $\dfrac{mn+m^2}{m}$ Since $m = 3\sqrt{8}+\sqrt{5}$ and $n = 3\sqrt{8}-\sqrt{5}$, we obtain

$$\dfrac{mn+m^2}{m} = \dfrac{m(m+n)}{m}$$
$$= m+n = 3\sqrt{8}+\sqrt{5}+3\sqrt{8}-\sqrt{5}$$
$$= 6\sqrt{8} = 6\sqrt{2^2 \times 2} = 12\sqrt{2}.$$

(2) $\dfrac{m^2-n^2}{m+n}$

We have

$$\dfrac{m^2-n^2}{m+n} = \dfrac{(m-n)(m+n)}{m+n}$$
$$= m-n$$
$$= \left(3\sqrt{8}+\sqrt{5}\right) - \left(3\sqrt{8}-\sqrt{5}\right)$$
$$= 3\sqrt{8}+\sqrt{5}-3\sqrt{8}+\sqrt{5} = 2\sqrt{5}.$$

(3) $\dfrac{n^2 - 2mn}{n^2}$.

We have

$$\dfrac{n^2 - 2mn}{n^2} = \dfrac{n(n - 2m)}{n^2}$$
$$= \dfrac{n - 2m}{n}$$
$$= \dfrac{3\sqrt{8} - \sqrt{5} - 2\left(3\sqrt{8} + \sqrt{5}\right)}{3\sqrt{8} - \sqrt{5}}$$
$$= \dfrac{3\sqrt{8} - \sqrt{5} - 6\sqrt{8} - 2\sqrt{5}}{3\sqrt{8} - \sqrt{5}}$$
$$= \dfrac{-3\sqrt{8} - 3\sqrt{5}}{3\sqrt{8} - \sqrt{5}}$$
$$= \dfrac{-6\sqrt{2} - 3\sqrt{5}}{6\sqrt{2} - \sqrt{5}}$$
$$= -\dfrac{6\sqrt{2} + 3\sqrt{5}}{6\sqrt{2} - \sqrt{5}}$$
$$= -\dfrac{\left(6\sqrt{2} + 3\sqrt{5}\right)\left(6\sqrt{2} + \sqrt{5}\right)}{\left(6\sqrt{2} - \sqrt{5}\right)\left(6\sqrt{2} + \sqrt{5}\right)}$$
$$= -\dfrac{36\sqrt{2^2} + 6\sqrt{10} + 18\sqrt{10} + 3\sqrt{5^2}}{\left(6\sqrt{2}\right)^2 - \sqrt{5^2}}$$
$$= -\dfrac{72 + 24\sqrt{10} + 15}{72 - 5} = -\dfrac{87 + 24\sqrt{10}}{67}.$$

13- Rationalize the denominators of following fractions:

(1) $\dfrac{36-\sqrt{6}}{\sqrt{8}}$

We have

$$\begin{aligned}\dfrac{36-\sqrt{6}}{\sqrt{8}} &= \dfrac{36-\sqrt{6}}{\sqrt{2^2\times 2}}\\ &= \dfrac{36-\sqrt{6}}{2\sqrt{2}}\\ &= \dfrac{\left(36-\sqrt{6}\right)\sqrt{2}}{2\sqrt{2^2}}\\ &= \dfrac{36\sqrt{2}-\sqrt{12}}{4}\\ &= \dfrac{36\sqrt{2}-2\sqrt{3}}{4}\\ &= \dfrac{2\left(18\sqrt{2}-\sqrt{3}\right)}{4}\\ &= \dfrac{18\sqrt{2}-\sqrt{3}}{2}.\end{aligned}$$

(2) $\dfrac{\sqrt{3}+\sqrt{5}}{3\sqrt{20}}$

We have

$$\begin{aligned}\dfrac{\sqrt{3}+\sqrt{5}}{3\sqrt{20}} &= \dfrac{\sqrt{3}+\sqrt{5}}{6\sqrt{5}}\\ &= \dfrac{\left(\sqrt{3}+\sqrt{5}\right)\sqrt{5}}{6\sqrt{5^2}}\\ &= \dfrac{\sqrt{15}+\sqrt{5^2}}{30} = \dfrac{5+\sqrt{15}}{30}.\end{aligned}$$

100

(3) $\dfrac{8}{2\sqrt{75} - 3\sqrt{50}}$

We have

$$\dfrac{8}{2\sqrt{75} - 3\sqrt{50}} = \dfrac{8}{2\sqrt{5^2 \times 3} - 3\sqrt{5^2 \times 2}}$$
$$= \dfrac{8}{10\sqrt{3} - 15\sqrt{2}}$$
$$= \dfrac{8}{5\left(2\sqrt{3} - 3\sqrt{2}\right)}$$
$$= \dfrac{8\left(2\sqrt{3} + 3\sqrt{2}\right)}{5\left(2\sqrt{3} - 3\sqrt{2}\right)\left(2\sqrt{3} + 3\sqrt{2}\right)}$$
$$= \dfrac{8\left(2\sqrt{3} + 3\sqrt{2}\right)}{5\left[\left(2\sqrt{3}\right)^2 - \left(3\sqrt{2}\right)^2\right]}$$
$$= \dfrac{8\left(2\sqrt{3} + 3\sqrt{2}\right)}{5(12 - 18)}$$
$$= \dfrac{8\left(2\sqrt{3} + 3\sqrt{2}\right)}{5(-6)}$$
$$= -\dfrac{4\left(2\sqrt{3} + 3\sqrt{2}\right)}{15}.$$

(4) $\dfrac{2\sqrt{3}}{2\sqrt{80} - \sqrt{45}}$

We have

$$\dfrac{2\sqrt{3}}{2\sqrt{80} - \sqrt{45}} = \dfrac{2\sqrt{3}}{2\sqrt{4^2 \times 5} - \sqrt{3^2 \times 5}}$$
$$= \dfrac{2\sqrt{3}}{8\sqrt{5} - 3\sqrt{5}}$$
$$= \dfrac{2\sqrt{3}}{5\sqrt{5}}$$
$$= \dfrac{2\sqrt{3} \times \sqrt{5}}{5\sqrt{5^2}}$$
$$= \dfrac{2\sqrt{15}}{25}.$$

(5) $\dfrac{9-\sqrt[3]{3}}{2\sqrt[3]{32}}$

We have

$$\dfrac{9-\sqrt[3]{3}}{2\sqrt[3]{2^3\times 2^2}} = \dfrac{9-\sqrt[3]{3}}{4\sqrt[3]{2^2}}$$
$$= \dfrac{\left(9-\sqrt[3]{3}\right)\sqrt[3]{2}}{4\sqrt[3]{2^3}}$$
$$= \dfrac{9\sqrt[3]{2}-\sqrt[3]{6}}{8}.$$

(6) $\dfrac{5\sqrt[3]{4}+\sqrt[3]{3}}{8\sqrt[3]{13}}$

We have

$$\dfrac{5\sqrt[3]{4}+\sqrt[3]{3}}{8\sqrt[3]{13}} = \dfrac{\left(5\sqrt[3]{4}+\sqrt[3]{3}\right)\sqrt[3]{13^2}}{8\sqrt[3]{13^3}}$$
$$= \dfrac{5\sqrt[3]{676}+\sqrt[3]{507}}{104}.$$

(7) $\dfrac{2\sqrt[3]{6}}{2\sqrt[3]{27}-\sqrt[3]{9}}$

We have

$$\dfrac{2\sqrt[3]{6}}{2\sqrt[3]{3^3}-\sqrt[3]{9}} = \dfrac{2\sqrt[3]{6}}{6-\sqrt[3]{9}}$$
$$= \dfrac{2\sqrt[3]{6}\left(6^2+6\sqrt[3]{9}+\sqrt[3]{9^2}\right)}{\left(6-\sqrt[3]{9}\right)\left(6^2+6\sqrt[3]{9}+\sqrt[3]{9^2}\right)}$$
$$= \dfrac{2\sqrt[3]{6}\left(36+6\sqrt[3]{9}+\sqrt[3]{81}\right)}{6^3-\sqrt[3]{9^3}}$$
$$= \dfrac{72\sqrt[3]{6}+12\sqrt[3]{3^3\times 2}+\sqrt[3]{3^3\times 18}}{216-9}$$
$$= \dfrac{72\sqrt[3]{6}+36\sqrt[3]{2}+3\sqrt[3]{18}}{207}$$
$$= \dfrac{3\left(12\sqrt[3]{2}+24\sqrt[3]{6}+\sqrt[3]{18}\right)}{207}$$
$$= \dfrac{12\sqrt[3]{2}+24\sqrt[3]{6}+\sqrt[3]{18}}{69}.$$

(8) $\dfrac{2\sqrt[3]{2}}{\sqrt[3]{16} - \sqrt[3]{12}}$

We have

$$\dfrac{2\sqrt[3]{2}}{\sqrt[3]{2}\left(\sqrt[3]{8} - \sqrt[3]{6}\right)} = \dfrac{2}{2 - \sqrt[3]{6}}$$

$$= \dfrac{2\left(2^2 + 2\sqrt[3]{6} + \sqrt[3]{6^2}\right)}{\left(2 - \sqrt[3]{6}\right)\left(2^2 + 2\sqrt[3]{6} + \sqrt[3]{6^2}\right)}$$

$$= \dfrac{2\left(4 + 2\sqrt[3]{6} + \sqrt[3]{36}\right)}{2^3 - \sqrt[3]{6^3}}$$

$$= \dfrac{2\left(4 + 2\sqrt[3]{6} + \sqrt[3]{36}\right)}{8 - 6}$$

$$= \dfrac{2\left(4 + 2\sqrt[3]{6} + \sqrt[3]{36}\right)}{2}$$

$$= 4 + 2\sqrt[3]{6} + \sqrt[3]{36}.$$

CHAPTER VI

Linear Equations in One Variable

Solving equations is the heart of learning Algebra. Therefore, equations are the most important part that the learners have to understand about how to solve them clearly. There are many types of equations. In this chapter, we will introduce the readers about how to solve Linear Equations in One Variable.
These are some basics that the readers have to know before starting the concepts of how to solve Linear Equations in One Variable.

1. Defintions

(1) **Equations**
An equation is a mathematical statement of an equality that contains one or more variables.
Example 1:
$3x - 2 = 0$, $3x + 1 = 2x$, $3y + 5 = 2y - 1$, $x + y = z$ are called equations.

(2) **Linear Equations in One Variable**
A linear equation in one variable is an equation that can be written in the form $ax + b = c$, where a, b and c are real numbers and $a \neq 0$. Notice that linear equations in one variable can be also called first-degree equations in one variable.
Example 1:
$2x - 4 = 2$, $4y = 3y - 2$, $4x + 4 = 0$ are called linear equations in one variable.

(3) **Solution**
A solution of an equation is a value that satisfies the equation. That is, when we replace x by that value, we obtain the right-hand side equals the left-hand side. Note that a solution of an equation can be called a root of the equation. That is, solutions and roots have the same meaning.
Example 1:
1 is the solution of the equation $3x + 2 = 5$.
Observe that when we replace x by 1 we obtain $3x + 2 = 3(1) + 2 = 5$, true.
Example 1:
Prove that $x = 2$ is a root of the equation $x^3 - 8x + 8 = 0$.
Solution:
Substitute x by 2, it follows that
$$x^3 - 8x + 8 = 2^3 - 8(2) + 8 = 8 - 16 + 8 = 0, \text{true}.$$

2. Operation Properties of Equality

For all real numbers a, b and c, the following properties hold:

(1) If $a = b$, then $a + c = b + c$;
(2) If $a = b$, then $a - c = b - c$;
(3) If $a = b$, then $ac = bc$ for all $c \neq 0$;
(4) if $a = b$, then $\dfrac{a}{c} = \dfrac{b}{c}$ for all $c \neq 0$.

In other words, if two expressions are equal to each other and we add, subtract, divide or multiply the exact same thing to both sides, the two sides will remain equal.

Since we have known that subtraction and division are the inverse of addition and multiplication respectively, to move a number from one side to another side in equation, we have to use this features. That is if we have a number that is being added and we want to move it to another side, we would subtract it from both sides of the equation.

3. How to Solve It

To solve linear equations in one variable, we have to separate variable and constants by using inverse operations. See the following examples.

Example 1:
Solve the following equations:

(1) $5x - 2 = 3$;
(2) $5(x - 1) + 2(x - 3) = 2x - 3$;
(3) $2x - 3 + 5x - 7 = 6x + 8$;
(4) $2(x - 1) + 3(x - 2) + 4(x - 5) = 3$;
(5) $(x+1)(x+2) + (x+2)(x+3) = (x+3)(x+4) + (x+4)(x+5)$.

Solution:
Solve the following equations:

(1) $5x - 2 = 3$
    We have

$5x - 2 = 3$
$5x - 2 + 2 = 3 + 2$ add 2 to both sides to omit -2
$5x = 5$
$\dfrac{5x}{5} = \dfrac{5}{5}$ divide both sides by 5 to omit the coefficient of x
$x = 1.$

Consequently, $x = 1$ is the solution.

(2) $5(x-1) + 2(x-3) = 2x - 3$
We have
$$5(x-1) + 2(x-3) = 2x - 3$$
$$5x - 5 + 2x - 6 = 2x - 3$$
$$7x - 11 = 2x - 3$$
$$7x - 2x = -3 + 11$$
$$5x = 8$$
$$x = \frac{8}{5}.$$

Thus, $x = \frac{8}{5}$ is the solution.

(3) $2x - 3 + 5x - 7 = 6x + 8$
We have
$$2x - 3 + 5x - 7 = 6x + 8$$
$$7x - 10 = 6x + 8$$
$$7x - 6x = 8 + 10$$
$$x = 18.$$

Thus, $x = 18$ is the solution.

(4) $2(x-1) + 3(x-2) + 4(x-5) = 3$
We have
$$2(x-1) + 3(x-2) + 4(x-5) = 3$$
$$2x - 2 + 3x - 6 + 5x - 20 = 3$$
$$10x - 28 = 3$$
$$10x = 3 + 28$$
$$10x = 31$$
$$x = \frac{31}{10}.$$

Therefore, $x = \frac{31}{10}$ is the solution.

(5) $(x+1)(x+2) + (x+2)(x+3) = (x+3)(x+4) + (x+4)(x+5)$
We have
$$(x+1)(x+2) + (x+2)(x+3) = (x+3)(x+4) + (x+4)(x+5)$$
$$x^2 + 2x + x + 2 + x^2 + 3x + 2x + 6 = x^2 + 4x + 3x + 12 + x^2 + 4x + 5x + 20$$
$$2x^2 + 8x + 8 = 2x^2 + 16x + 32$$
$$2x^2 + 8x - 2x^2 - 16x = 32 - 8$$
$$-8x = 24$$
$$x = \frac{24}{-8} = -3.$$

107

Consequently, $x = -3$ is the solution.

To be convenient in solving equation, we should know that when we change a term from one side to another side we have to change its sign. Moreover, we have to obey the following rules:
- Addition change to subtraction
- Subtraction change to Addition
- Multiplication change to division
- Division change to multiplication.

Example 2:
Solve the following equations:

(1) $\dfrac{x+1}{2} - 3 = \dfrac{1}{2}$;

(2) $\dfrac{x-3}{2} - \dfrac{x}{3} = \dfrac{1}{2} + x$;

(3) $x + 2(x-1) + \dfrac{x}{3} = 4x - 4$;

(4) $\dfrac{x-1}{2017} + \dfrac{x-2}{2016} + \dfrac{x-3}{2015} + \dfrac{x-4}{2014} = 4$.

Solution:
Solve the following equations:

(1) $\dfrac{x+1}{2} - 3 = \dfrac{1}{2}$

We have
$$\dfrac{x+1}{2} - 3 = \dfrac{1}{2}$$
$$\dfrac{x+1-6}{2} = \dfrac{1}{2}$$
$$x - 5 = 1$$
$$x = 1 + 5 = 6.$$

(2) $\dfrac{x-3}{2} - \dfrac{x}{3} = \dfrac{1}{2} + x$

We have
$$\dfrac{x-3}{2} - \dfrac{x}{3} = \dfrac{1}{2} + x$$
$$\dfrac{3(x-3) - 2x}{6} = \dfrac{3 + 6x}{6}$$
$$3x - 9 - 2x = 3 + 6x$$
$$x - 9 = 3 + 6x$$
$$x - 6x = 3 + 9$$
$$-5x = 12$$
$$x = -\dfrac{12}{5}.$$

(3) $x+2(x-1)+\dfrac{x}{3}=4x-4$

We have
$$x+2(x-1)+\dfrac{x}{3}=4x-4$$
$$x+2x-2+\dfrac{x}{3}=4x-4$$
$$3x-2+\dfrac{x}{3}=4x-4$$
$$\dfrac{9x-6+x}{3}=\dfrac{12x-12}{3}$$
$$10x-6=12x-12$$
$$10x-12x=-12+6$$
$$-2x=-6$$
$$x=\dfrac{-6}{-2}=3.$$

(4) $\dfrac{x-1}{2017}+\dfrac{x-2}{2016}+\dfrac{x-3}{2015}+\dfrac{x-4}{2014}=4.$

We have
$$\dfrac{x-1}{2017}+\dfrac{x-2}{2016}+\dfrac{x-3}{2015}+\dfrac{x-4}{2014}=4$$
$$\dfrac{x-1}{2017}-1+\dfrac{x-2}{2016}-1+\dfrac{x-3}{2015}-1+\dfrac{x-4}{2014}-1=0$$
$$\dfrac{x-1-2017}{2017}+\dfrac{x-2-2016}{2016}+\dfrac{x-3-2015}{2015}+\dfrac{x-4-2014}{2014}=0$$
$$\dfrac{x-2018}{2017}+\dfrac{x-2018}{2016}+\dfrac{x-2018}{2015}+\dfrac{x-2018}{2014}=0$$
$$(x-2018)\left(\dfrac{1}{2017}+\dfrac{1}{2016}+\dfrac{1}{2015}+\dfrac{1}{2014}\right)=0$$
$$x-2018=0$$
$$x=2018.$$

Practice:
Solve the following equations:

(1) $2x-5=7x-2$;

(2) $-3x-6=-(x-1)-x+2$;

(3) $4\left(x-\dfrac{1}{2}\right)+100\left(\dfrac{x}{50}-1\right)=90+x$;

(4) $2(x-1)+5(x-7)=3(x-3)$;

(5) $x[2(x-1)+3(x-2)]=(5x-1)(x+2)$;

(6) $(x-1)^2 + (x-2)^2 + (x-3)^2 = 3x^2 - 7x$;

(7) $\dfrac{x-2}{3} + \dfrac{x+1}{5} - 1 = \dfrac{1-x}{7}$;

(8) $x - \dfrac{1-x}{2} = 3(x-1) + 5x$;

(9) $\dfrac{x-b}{a} + \dfrac{x-a}{b} = (a+b+x) - (a+b-x)$;

(10) $\dfrac{1}{5}\left[2(1-x) - \dfrac{1}{7}(2-x)\right] = \dfrac{5-x}{3}$.

Exercises

1- Solve the following equations:

   a- $3(x-2) - 2(x-1) = 3$;

   b- $2x - 5(x-2) = -3x + 2$;

   c- $2x - (x-1) + 3 = \dfrac{1}{2}(2x-8)$;

   d- $3(x-1) - 2(x-2) + 4(x-5) = 4(7-x)$;

   e- $2(x-3) + 6(x-3) = 4x - 5$.

2- Solve the following equations:

   a- $\dfrac{x}{3} + \dfrac{x}{2} + \dfrac{x}{101} + \dfrac{x}{102} = 0$;

   b- $\dfrac{x-1}{2} + \dfrac{x}{3} - \dfrac{x-2}{6} = 3 + x$;

   c- $\dfrac{1-x}{3} - 2(x-2) + 3(x-4) = \dfrac{x}{6}$;

   d- $\dfrac{x-3}{5} - 3x = \dfrac{x}{2} - 3$.

3- Find the value of m such that the following equation has no roots
$$(m-1)x + 4m = 4x - 3.$$

4- Find the value of m such that the following equation has only a solution
$$(x-2)m + 3x - 3 = 2(x-4).$$

5- Find the value of m such that the equation $4(m-2)x + \dfrac{1}{3}[9(x-2)] = 3x - 6$ has infinitely many solutions.

Solutions

1- Solve the following equations:
a- $3(x-2) - 2(x-1) = 3$
We have

$$3(x-2) - 2(x-1) = 3$$
$$3x - 6 - 2x + 2 = 3$$
$$x - 4 = 3$$
$$x = 3 + 4$$
$$x = 7.$$

b- $2x - 5(x-2) = -3x + 2$
We have

$$2x - 5(x-2) = -3x + 2$$
$$2x - 5x + 10 = -3x + 2$$
$$-3x + 10 = -3x + 2$$
$$-3x + 3x = 2 - 10$$
$$0 = -8, \quad \text{not true.}$$

Thus, the given equation has no roots.

c- $2x - (x-1) + 3 = \dfrac{1}{2}(2x+8)$
We have

$$2x - (x-1) + 3 = \dfrac{1}{2}(2x+8)$$
$$2x - x + 1 + 3 = x + 4$$
$$x + 4 = x + 4$$
$$0 = 0.$$

It is true for all real numbers x.
Thus, the given equation has infinitely many solutions.
d- $3(x-1) - 2(x-2) + 4(x-5) = 4(7-x)$

We have
$$3(x-1)-2(x-2)+4(x-5) = 4(7-x)$$
$$3x-3-2x+4+4x-20 = 28-4x$$
$$5x-19 = 28-4x$$
$$5x+4x = 28+19$$
$$9x = 47$$
$$x = \frac{47}{9}.$$

e- $2(x-3)+6(x-3) = 4x-5$
We have
$$2(x-3)+6(x-3) = 4x-5$$
$$2x-6+6x-18 = 4x-5$$
$$8x-24 = 4x-5$$
$$8x-4x = 24-5$$
$$4x = 19$$
$$x = \frac{19}{4}.$$

2- Solve the following equations:
(a) $\dfrac{x}{3}+\dfrac{x}{2}+\dfrac{x}{101}+\dfrac{x}{102} = 0$
We have
$$\frac{x}{3}+\frac{x}{2}+\frac{x}{101}+\frac{x}{102} = 0$$
$$x\left(\frac{1}{3}+\frac{1}{2}+\frac{1}{101}+\frac{1}{102}\right) = 0$$
$$x = 0.$$

(b) $\dfrac{x-1}{2}+\dfrac{x}{3}-\dfrac{x-2}{6} = 3+x$
We have
$$\frac{x-1}{2}+\frac{x}{3}-\frac{x-2}{6} = 3+x$$
$$3(x-1)+2x-(x-2) = 6(3+x)$$
$$3x-3+2x-x+2 = 18+6x$$
$$4x-1 = 18+6x$$
$$4x-6x = 18+1$$
$$-2x = 19$$
$$x = -\frac{19}{2}.$$

(c) $\dfrac{1-x}{3} - 2(x-2) + 3(x-4) = \dfrac{x}{6}$

We have

$$\dfrac{1-x}{3} - 2(x-2) + 3(x-4) = \dfrac{x}{6}$$
$$2(1-x) - 12(x-2) + 18(x-4) = x$$
$$2 - 2x - 12x + 24 + 18x - 72 = x$$
$$4x - 46 = x$$
$$4x - x = 46$$
$$3x = 46$$
$$x = \dfrac{46}{3}.$$

(d) $\dfrac{x-3}{5} - 3x = \dfrac{x}{2} - 3$

We have

$$\dfrac{x-3}{5} - 3x = \dfrac{x}{2} - 3$$
$$2(x-3) - 30x = 5x - 30$$
$$2x - 6 - 30x = 5x - 30$$
$$-28x - 6 = 5x - 30$$
$$-28x - 5x = -30 + 6$$
$$-33x = -24$$
$$x = \dfrac{-24}{-33} = \dfrac{8}{11}.$$

3- Find the value of m.

We have

$$(x-2)m + 3x - 3 = 2(x-4)$$
$$mx - 2m + 3x - 3 = 2x - 8$$
$$mx + 3x - 2x = -8 + 2m + 3$$
$$mx + x = 2m - 5$$
$$(m+1)x = 2m - 5.$$

The equation has no roots if and only if $\begin{cases} m+1 = 0 \\ 2m - 5 \neq 0 \end{cases}$ or $\begin{cases} m = -1 \\ m \neq \dfrac{5}{2} \end{cases}$.

Therefore, $m = -1$.

4- Find the value of m.

We have
$$(m-1)x + 4m = 4x - 3$$
$$mx - x + 4m = 4x - 3$$
$$mx - x - 4x = -4m - 3$$
$$mx - 5x = -4m - 3$$
$$(m-5)x = -4m - 3.$$

The equation has only a solution if and only if $\begin{cases} m - 5 \neq 0 \\ -4m - 3 \neq 0 \end{cases}$ or $\begin{cases} m \neq 5 \\ m \neq -\dfrac{3}{4} \end{cases}$.

Therefore, the given equation has only a solution when $\begin{cases} m \neq 5 \\ m \neq -\dfrac{3}{4} \end{cases}$.

Its solution is $x = -\dfrac{4m+3}{m-5}$.

5- Find the value of m.

We have
$$4(m-2)x + \dfrac{1}{3}[9(x-2)] = 3x - 6$$
$$4(m-2)x + 3(x-2) = 3x - 6$$
$$4(m-2)x + 3x - 6 = 3x - 6$$
$$4(m-2)x = 0.$$

The equation has infinitely many roots if and only if $m - 2 = 0$ or $m = 2$.

CHAPTER VII

Linear Inequalities With One Variable

1. Defintion

A linear inequality with one variable is the inequality of the form $ax+b>0, ax+b<0, ax+b\geq 0$ or $ax+b\leq 0$, where a and b are real numbers with $a\neq 0$.

Example 1:
$2x-1>0, -3x-5\leq 0, 7x-5\geq 0$ and $8x-5\geq 3x-1$ are linear inequalities with one variable.

2. Properties of Inequality

For all real numbers a, b and c, we obtain the following properties:

(1) If $a > b$, then $a+c > b+c$;
(2) If $a > b$, then $a-c > b-c$;
(3) If $a > b$ and $c > 0$, we obtain $ac > bc$ and $\dfrac{a}{c} > \dfrac{b}{c}$;
(4) If $a > b$ and $c < 0$, we obtain $ac < bc$ and $\dfrac{a}{c} < \dfrac{b}{c}$.

3. How To Solve It

It is not hard to solve linear inequalities with one variable if we know about how to solve linear equations with one variable(See Chapter V).
The given examples will explain the readers about how to solve them.

Example 1:
Solve the following inequalities:

(1) $3x-5 \geq 2x-6$;

(2) $-4x+5 < 3-2x$;

(3) $4(x-1)-2(5+x) \geq 3x-5$;

(4) $\dfrac{1}{3}x+2(x-1) > 3+5(3-x)$;

(5) $2(x+1)-3(x+2) \leq 3(x-2)+5x$.

Solution:
Solve the following inequalities:

117

(1) $3x - 5 \geq 2x - 6$
We have
$$3x - 5 \geq 2x - 6$$
$$3x - 2x \geq -6 + 5$$
$$x \geq -1.$$

(2) $-4x + 5 < 3 - 2x$
We have
$$-4x + 5 < 3 - 2x$$
$$-4x + 2x < 3 - 5$$
$$-2x < -2$$
$$x > \frac{-2}{-2} = 1.$$

(3) $4(x-1) - 2(5+x) \geq 3x - 5$
We have
$$4(x-1) - 2(5+x) \geq 3x - 5$$
$$4x - 4 - 10 - 2x \geq 3x - 5$$
$$2x - 14 \geq 3x - 5$$
$$2x - 3x \geq -5 + 14$$
$$-x \geq 9$$
$$x \leq -9.$$

(4) $\frac{1}{3}x + 2(x-1) > 3 + 5(3-x)$
We have
$$\frac{1}{3}x + 2(x-1) > 3 + 5(3-x)$$
$$\frac{1}{3}x + 2x - 2 > 3 + 15 - 5x$$
$$x + 6x - 6 > 9 + 45 - 15x$$
$$7x - 6 > 54 - 15x$$
$$7x + 15x > 54 + 6$$
$$22x > 60$$
$$x > \frac{60}{22} = \frac{30}{11}.$$

(5) $2(x+1) - 3(x+2) \leq 3(x-2) + 5x$
We have

$$2(x+1) - 3(x+2) \leq 3(x-2) + 5x$$
$$2x + 2 - 3x - 6 \leq 3x - 6 + 5x$$
$$-x - 4 \leq 8x - 6$$
$$-x - 8x \leq -6 + 4$$
$$-9x \leq -2$$
$$x \geq \frac{-2}{-9} = \frac{2}{9}.$$

Example 2:
Solve the following inequalities:

(1) $\dfrac{3x}{2} - 2(x-1) > 3 + \dfrac{x}{2}$;

(2) $\dfrac{3(x-1)}{7} - 1 \leq x + \dfrac{3}{2}$;

(3) $\dfrac{5(x-1)}{6} - 3x \geq 7x - \dfrac{1}{2}$;

(4) $7(3-x) + 6x > 3(x-1) + \dfrac{x}{2}$;

(5) $3(4-x) + 5x \leq 2(2-x) + 6x$.

Solution:
Solve the following inequalities:

(1) $\dfrac{3x}{2} - 2(x-1) > 3 + \dfrac{x}{2}$
We have

$$\frac{3x}{2} - 2(x-1) > 3 + \frac{x}{2}$$
$$\frac{3x - 4(x-1)}{2} > \frac{6+x}{2}$$
$$3x - 4x + 4 > 6 + x$$
$$-x + 4 > 6 + x$$
$$-x - x > 6 - 4$$
$$-2x > 2$$
$$x < \frac{2}{-2} = -1.$$

119

(2) $\dfrac{3(x-1)}{7} - 1 \leq x + \dfrac{3}{2}$

We have

$$\dfrac{3(x-1)}{7} - 1 \leq x + \dfrac{3}{2}$$
$$\dfrac{6(x-1) - 14}{14} \leq \dfrac{14x + 21}{14}$$
$$6x - 6 \leq 14x + 21$$
$$6x - 14x \leq 21 + 6$$
$$-8x \leq 27$$
$$x \geq -\dfrac{27}{8}.$$

(3) $\dfrac{5(x-1)}{6} - 3x \geq 7x - \dfrac{1}{2}$

We have

$$\dfrac{3(x-1)}{7} - 1 \leq x + \dfrac{3}{2}$$
$$\dfrac{6(x-1)}{14} - \dfrac{14}{14} \leq \dfrac{14x + 21}{14}$$
$$6x - 6 - 14 \leq 14x + 21$$
$$6x - 20 \leq 14x + 21$$
$$6x - 14x \leq 21 + 20$$
$$-8x \leq 41$$
$$x \geq -\dfrac{41}{8}.$$

(4) $7(3-x) + 6x > 3(x-1) + \dfrac{x}{2}$

We have

$$7(3-x) + 6x > 3(x-1) + \dfrac{x}{2}$$
$$21 - 7x + 6x > 3x - 3 + \dfrac{x}{2}$$
$$21 - x > 3x - 3 + \dfrac{x}{2}$$
$$\dfrac{42 - 2x}{2} > \dfrac{6x - 6 + x}{2}$$
$$42 - 2x > 7x - 6$$
$$-2x - 7x > -6 - 42$$
$$-9x > -48$$
$$x < \dfrac{-48}{-9} = \dfrac{48}{9}.$$

(5) $3(4-x)+5x \leq 2(2-x)+6x$
We have
$$3(4-x)+5x \leq 2(2-x)+6x$$
$$12-3x+5x \leq 4-2x+6x$$
$$12+2x \leq 4+4x$$
$$2x-4x \leq 4-12$$
$$-2x \leq -8$$
$$x \geq \frac{-8}{-2} = 4.$$

CHAPTER VIII

Solving Quadratic Equations By Using Discriminant

1. Definition

A quadratic equation is an equation that can be written in the form $ax^2 + bx + c = 0$, where a, b and c are real numbers with $a \neq 0$.
a, b and c are called the coefficients of the equation.

Example 1:
$x^2 - x + 1 = 0, x^2 - 4x + 2 = 0, 2x^2 - 3x - 7 = 0, ...$ are called the quadratic equations.

★ **Note:**
a is called quadratic coefficient
b is called linear coefficient
and c is called constant or free term.

2. How To Solve It

There many methods in solving quadratic equations. In this chapter, we will introduce the readers about some important methods.

2.1. Product Equals Zero. Theorem:

Suppose that A and B are real numbers. It follows that $AB = 0$ if and only if $A = 0$ or $B = 0$.

Example 1:
Solve the following equations:

(1) $(x-1)(x-2) = 0$;

(2) $(x-4)(-x+3) = 0$;

(3) $x(x-2) + 3(x-2) = 0$;

(4) $x^2 - 5x + 6 = 0$;

(5) $x^2 - 4x + 3 = 0$.

Solution:
Solve the following equations:

(1) $(x-1)(x-2) = 0$

We have $(x-1)(x-2) = 0$.

Using the above theorem, we obtain $\begin{bmatrix} x-1=0 \\ x-2=0 \end{bmatrix}$ or $\begin{bmatrix} x=1 \\ x=2 \end{bmatrix}$.

(2) $(x-4)(-x+3) = 0$

We have $(x-4)(-x+3) = 0$.

It follows that $\begin{bmatrix} x-4=0 \\ -x+3=0 \end{bmatrix}$ or $\begin{bmatrix} x=4 \\ x=3 \end{bmatrix}$.

(3) $x(x-2) + 3(x-2) = 0$

We have
$$x(x-2) + 3(x-2) = 0$$
$$(x-2)(x+3) = 0$$

It implies that $\begin{bmatrix} x+3=0 \\ x-2=0 \end{bmatrix}$ or $\begin{bmatrix} x=-3 \\ x=2 \end{bmatrix}$.

(4) $x^2 - 5x + 6 = 0$

We have
$$x^2 - 5x + 6 = 0$$
$$x^2 - 2x - 3x + 6 = 0$$
$$x(x-2) - 3(x-2) = 0$$
$$(x-2)(x-3) = 0$$

Consequently, $\begin{bmatrix} x-2=0 \\ x-3=0 \end{bmatrix}$ or $\begin{bmatrix} x=2 \\ x=3 \end{bmatrix}$.

(5) $x^2 - 4x + 3 = 0$

We have
$$x^2 - 4x + 3 = 0$$
$$x^2 - x - 3x + 3 = 0$$
$$x(x-1) - 3(x-1) = 0$$
$$(x-1)(x-3) = 0$$

Therefore, $\begin{bmatrix} x-1=0 \\ x-3=0 \end{bmatrix}$ or $\begin{bmatrix} x=1 \\ x=3 \end{bmatrix}$.

Practice:
Solve the following equations:
(1) $x(x-7) + 2(x-7) = 0$;
(2) $x(x-9) + 8 = 0$;
(3) $x^2 - 6x + 8 = 0$;
(4) $x^2 - 7x + 10 = 0$;
(5) $(x+1)(x+2) + (x+2)(x+3) = 0$.

2.2. Quadratic In Form: $x^2 = a$, where a is a positive real number.

From square root's definition, we have $x^2 = a$ if and only if $x = \pm\sqrt{a}$, where a is a positive real number.

Example 1:

Solve the following equations:

(1) $x^2 = 9$;
(2) $x^2 - 4 = 0$;
(3) $x^2 = 3$;
(4) $x^2 - 2 = 0$.

Solution:

Solve the following equations:

(1) $x^2 = 9$

We have $x^2 = 9$. Then $x = \pm\sqrt{9} = \pm 3$.

(2) $x^2 - 4 = 0$

We have $x^2 - 4 = 0$ or $x^2 = 4$. It follows that $x = \pm\sqrt{4} = \pm 2$.

(3) $x^2 = 3$

We have $x^2 = 3$. It implies that $x = \pm\sqrt{3}$.

(4) $x^2 - 2 = 0$

We have $x^2 - 2 = 0$ or $x^2 = 2$. Then $x = \pm\sqrt{2}$.

Practice:

Solve the following equations:

(1) $2x^2 - 8 = 0$;
(2) $4x^2 - 16 = 0$;
(3) $4(x^2 - x) + 6 = -4(x - 2)$;
(4) $(x+1)(x-1) = (2x-3)(2x+3)$.

2.3. Completing Square.

Completing Square is another method in solving quadratic equation. To see how this method is used, we observe the following example.

Example 1:

Solve the following equation:

$$x^2 + 6x - 8 = 0.$$

Solution:

We see that we cannot factor the given equation or solve it by using the square root definition.

To solve the given equation, we complete the right-hand side of the equation to a square of a binomial.

That is,
$$x^2 + 6x - 8 = 0$$
$$x^2 + 6x = 8$$
$$x^2 + 2(x)(3) + 3^2 = 8 + 3^2$$
$$(x+3)^2 = 17.$$

It follows that $x + 3 = \pm\sqrt{17}$. Then $x = -3 \pm \sqrt{17}$.
Thus, $x = -3 \pm \sqrt{17}$.

Example 1:
Solve the following equations:

(1) $x^2 + 4x + 1 = 0$;

(2) $x^2 - 2x - 5 = 0$;

(3) $x^2 - 8x - 7 = 0$;

(4) $x^2 + 5x - 9 = 0$;

(5) $x^2 - 3x - 11 = 0$.

Solution:
Solve the following equations:

(1) $x^2 + 4x + 1 = 0$
We have
$$x^2 + 4x + 1 = 0$$
$$x^2 + 4x = -1$$
$$x^2 + 2(x)(2) + 2^2 = 2^2 - 1$$
$$(x+2)^2 = 3.$$

It implies that $x + 2 = \pm\sqrt{3}$. Then $x = -2 \pm \sqrt{3}$.

(2) $x^2 - 2x - 5 = 0$
We have
$$x^2 - 2x - 5 = 0$$
$$x^2 - 2x = 5$$
$$x^2 - 2(x)(1) + 1^2 = 5 + 1^2$$
$$(x-1)^2 = 6.$$

Thus, $x - 1 = \pm\sqrt{6}$. Then $x = 1 \pm \sqrt{6}$.

(3) $x^2 - 8x - 7 = 0$
We have
$$x^2 - 8x - 7 = 0$$
$$x^2 - 8x = 7$$
$$x^2 - 2(x)(4) + 4^2 = 7 + 4^2$$
$$(x-4)^2 = 23.$$

We obtain $x - 4 = \pm\sqrt{23}$. Then $x = 4 \pm \sqrt{23}$.

(4) $x^2 + 5x - 9 = 0$
We have
$$x^2 + 5x - 9 = 0$$
$$x^2 + 5x = 9$$
$$x^2 + 2(x)\left(\frac{5}{2}\right) + \left(\frac{5}{2}\right)^2 = 9 + \left(\frac{5}{2}\right)^2$$
$$\left(x + \frac{5}{2}\right)^2 = 9 + \frac{25}{4}$$
$$\left(x + \frac{5}{2}\right)^2 = \frac{61}{4}.$$

We obtain $x + \dfrac{5}{2} = \pm\sqrt{\dfrac{61}{4}} = \pm\dfrac{\sqrt{61}}{2}$.

Then $x = -\dfrac{5}{2} \pm \dfrac{\sqrt{61}}{2}$.

(5) $x^2 - 3x - 11 = 0$ We have
$$x^2 - 3x - 11 = 0$$
$$x^2 - 3x = 11$$
$$x^2 - 2(x)\left(\frac{3}{2}\right) + \left(\frac{3}{2}\right)^2 = 11 + \left(\frac{3}{2}\right)^2$$
$$\left(x - \frac{3}{2}\right)^2 = 11 + \frac{9}{4}$$
$$\left(x - \frac{3}{2}\right)^2 = \frac{53}{4}.$$

It implies that $x - \dfrac{3}{2} = \pm\sqrt{\dfrac{53}{4}}$.

Consequently, $x = \dfrac{3}{2} \pm \dfrac{\sqrt{53}}{2}$.

2.4. Solve Quadratic Equations By Discriminant.

Solve Quadratic Equations by Discriminant are a really important method for solving Quadratic equation. This method can help us to solve all quadratic equations. The formula in this method is generated from the completing square method.

Theorem:
Given a quadratic equation $ax^2 + bx + c = 0$ where a, b and c are real numbers and $a \neq 0$. We define $\Delta = b^2 - 4ac$. Δ is called the discriminant of the quadratic equation.

- If $\Delta > 0$, the given equation has two distinct roots. They are

$$x_1 = \frac{-b + \sqrt{\Delta}}{2a}$$

and

$$x_2 = \frac{-b - \sqrt{\Delta}}{2a}.$$

- If $\Delta = 0$, the given equation has two roots with the same values. That is,

$$x_1 = x_2 = -\frac{b}{2a}.$$

- If $\Delta < 0$, the given equation has no real roots.

Proof:
We have

$$ax^2 + bx + c = 0$$

$$x^2 + \frac{b}{a}x + \frac{c}{a} = 0$$

$$x^2 + \frac{b}{a}x = -\frac{c}{a}$$

$$x^2 + 2(x)\left(\frac{b}{2a}\right) + \left(\frac{b}{2a}\right)^2 = \left(\frac{b}{2a}\right)^2 - \frac{c}{a}$$

$$\left(x + \frac{b}{2a}\right)^2 = \frac{b^2}{4a^2} - \frac{c}{a}$$

$$\left(x + \frac{b}{2a}\right)^2 = \frac{b^2 - 4ac}{4a^2}$$

$$\left(x + \frac{b}{2a}\right)^2 = \frac{\Delta}{4a^2}.$$

- If $\Delta < 0$, we obtain $\left(x + \frac{b}{2a}\right)^2 < 0$, a contradiction.

Consequently, the given equation has no real roots.

- If $\Delta = 0$, we obtain $\left(x + \frac{b}{2a}\right)^2 = 0$. Hence, $x_1 = x_2 = -\frac{b}{2a}$.

- If $\Delta > 0$, we obtain $x + \dfrac{b}{2a} = \pm\sqrt{\dfrac{\Delta}{4a^2}} = \pm\dfrac{\sqrt{\Delta}}{2a}$. Then $x = \dfrac{-b \pm \sqrt{\Delta}}{2a}$.

Therefore, $x_1 = \dfrac{-b + \sqrt{\Delta}}{2a}$ and $x_2 = \dfrac{-b - \sqrt{\Delta}}{2a}$.

Example 1:
Solve the following equations:

(1) $x^2 - 5x + 3 = 0$;

(2) $2x^2 - 3x - 4 = 0$;

(3) $x^2 - 5x + 4 = 0$;

(4) $x^2 - 6x + 3 = 0$;

(5) $x^2 - 7x + 10 = 0$.

Solution:
We are going to solve the following equations by using Discriminant.

(1) $x^2 - 5x + 3 = 0$
   We have $\Delta = b^2 - 4ac = (-5)^2 - 4(1)(3) = 25 - 12 = 13$.
   The equation has two distinct real roots. They are

$$x_1 = \dfrac{-b + \sqrt{\Delta}}{2a} = \dfrac{-(-5) + \sqrt{13}}{2(1)} = \dfrac{5 + \sqrt{13}}{2}$$

and

$$x_2 = \dfrac{-b - \sqrt{\Delta}}{2a} = \dfrac{-(-5) - \sqrt{13}}{2(1)} = \dfrac{5 - \sqrt{13}}{2}.$$

(2) $2x^2 - 3x - 4 = 0$
   We have $\Delta = b^2 - 4ac = (-3)^2 - 4(2)(-4) = 9 + 32 = 41$.
   The given equation has two distinct real roots. They are

$$x_1 = \dfrac{-b + \sqrt{\Delta}}{2a} = \dfrac{-(-3) + \sqrt{41}}{2(1)} = \dfrac{3 + \sqrt{41}}{2}$$

and

$$x_2 = \dfrac{-b - \sqrt{\Delta}}{2a} = \dfrac{-(-3) - \sqrt{41}}{2(1)} = \dfrac{3 - \sqrt{41}}{2}.$$

(3) $x^2 - 5x + 4 = 0$
   We have $\Delta = b^2 - 4ac = (-5)^2 - 4(1)(4) = 25 - 16 = 9$.
   The equation has two distinct real roots. They are

$$x_1 = \dfrac{-b + \sqrt{\Delta}}{2a} = \dfrac{-(-5) + \sqrt{9}}{2(1)} = \dfrac{5 + 3}{2} = \dfrac{8}{2} = 4$$

and
$$x_2 = \frac{-b - \sqrt{\Delta}}{2a} = \frac{-(-5) - \sqrt{9}}{2(1)} = \frac{5-3}{2} = \frac{2}{2} = 1.$$

(4) $x^2 - 6x + 3 = 0$

We have $\Delta = b^2 - 4ac = (-6)^2 - 4(1)(3) = 36 - 12 = 24$.
The equation has two distinct roots. They are
$$x_1 = \frac{-b + \sqrt{\Delta}}{2a} = \frac{-(-5) + \sqrt{24}}{2(1)} = \frac{5 + 2\sqrt{6}}{2}$$
and
$$x_2 = \frac{-b - \sqrt{\Delta}}{2a} = \frac{-(-5) - \sqrt{24}}{2(1)} = \frac{5 - 2\sqrt{6}}{2}.$$

(5) $x^2 - 7x + 10 = 0$
We have $\Delta = b^2 - 4ac = (-7)^2 - 4(1)(10) = 49 - 40 = 9$.
The equation has two distinct roots. They are
$$x_1 = \frac{-b + \sqrt{\Delta}}{2a} = \frac{-(-7) + \sqrt{9}}{2(1)} = \frac{7+3}{2} = \frac{10}{2} = 5$$
and
$$x_2 = \frac{-b - \sqrt{\Delta}}{2a} = \frac{-(-7) - \sqrt{9}}{2(1)} = \frac{7-3}{2} = \frac{4}{2} = 2.$$

★ **Note:**
There are two important cases to consider relevant to the relation between the coefficients a, b and c.
★ If $a + b + c = 0$, the equation has two roots. They are $x_1 = 1$ and $x_2 = \frac{c}{a}$.
★ If $a - b + c = 0$, the equation has two roots. They are $x_1 = -1$ and $x_2 = -\frac{c}{a}$.

Proof:
★ If $a + b + c = 0$, we shall prove that $x_1 = 1$ and $x_2 = \frac{c}{a}$.
Since $a + b + c = 0$ or $c = -a - b$, then $ax^2 + bx + c = 0$ is equivalent to
$$ax^2 + (-a - c)x + c = 0$$
$$ax^2 - ax - cx + c = 0$$
$$ax(x - 1) - c(x - 1) = 0$$
$$(x - 1)(ax - c) = 0.$$

We obtain $\begin{bmatrix} x - 1 = 0 \\ ax - c = 0 \end{bmatrix}$ or $\begin{bmatrix} x = 1 \\ x = \dfrac{c}{a} \end{bmatrix}$.

Thus, the statement is proved.

★ If $a - b + c = 0$, we shall prove that $x_1 = -1$ and $x_2 = -\dfrac{c}{a}$.

Since $a - b + c = 0$ or $b = a + c$, then $ax^2 + bx + c = 0$ is equivalent to
$$ax^2 + (a+c)x + c = 0$$
$$ax^2 + ax + cx + c = 0$$
$$ax(x+1) + c(x+1) = 0$$
$$(x+1)(ax+c) = 0.$$

We obtain $\begin{bmatrix} x+1 = 0 \\ ax+c = 0 \end{bmatrix}$ or $\begin{bmatrix} x = -1 \\ x = -\dfrac{c}{a} \end{bmatrix}$.

Thus, the given statement is proved.

Example 2:
Solve the following equations:
(1) $x^2 - 3x + 2 = 0$;

(2) $x^2 - 8x + 7 = 0$;

(3) $x^2 - 6x + 5 = 0$;

(4) $x^2 + 9x + 8 = 0$;

(5) $x^2 + 13x + 12 = 0$.

Solution:
Solve the following equations:
(1) $x^2 - 3x + 2 = 0$
   Observe that $a + b + c = 1 - 3 + 2 = 0$, it implies that
$$x_1 = 1 \quad \text{and} \quad x_2 = \dfrac{c}{a} = \dfrac{2}{1} = 2.$$

   Thus, $x_1 = 1$ and $x_2 = 2$ are the solutions.
(2) $x^2 - 8x + 7 = 0$
   Observe that $a + b + c = 1 - 8 + 7 = 0$, it implies that
$$x_1 = 1 \quad \text{and} \quad x_2 = \dfrac{c}{a} = \dfrac{7}{1} = 7.$$

   Thus, $x_1 = 1$ and $x_2 = 7$ are the solutions.
(3) $x^2 - 6x + 5 = 0$
   Observe that $a + b + c = 1 - 6 + 5 = 0$, it implies that
$$x_1 = 1 \quad \text{and} \quad x_2 = \dfrac{c}{a} = \dfrac{5}{1} = 5.$$

   Thus, $x_1 = 1$ and $x_2 = 5$ are the solutions.

(4) $x^2 + 9x + 8 = 0$

Observe that $a - b + c = 1 - 9 + 8 = 0$, it implies that
$$x_1 = 1 \quad \text{and} \quad x_2 = -\frac{c}{a} = -\frac{8}{1} = -8.$$

Thus, $x_1 = -1$ and $x_2 = -8$ are the solutions.

(5) $x^2 + 13x + 12 = 0$ Observe that $a - b + c = 1 - 13 + 12 = 0$, it implies that
$$x_1 = -1 \quad \text{and} \quad x_2 = -\frac{c}{a} = -\frac{12}{1} = -12.$$

Thus, $x_1 = -1$ and $x_2 = -12$ are the solutions.

Exercises

1- Solve the following equations:
   a- $x^2 - 3x + 5 = 0$;

   b- $x^2 - 11x + 2 = 0$;

   c- $x^2 - 8x + 12 = 0$;

   d- $x^2 - 4x = 4x - 2$;

   e- $(x+1)(x+2) + (x+3)(x+4) = 0$.

2- Solve the following equations:
$$(x^2 + x + 3)^2 + x^2 + x + 15 = 0.$$

3- Determine the value of m such the equation $x^2 - (m-2)x + m + 1 = 0$
   a- has two distinct real roots
   b- has two real roots with the same values
   c- has no real roots.

4- Suppose that x_1 and x_2 are the two roots of the quadratic equation
$$ax^2 + bx + c = 0.$$

Prove the following equalities:
$$\begin{cases} x_1 + x_2 = -\dfrac{b}{a} \\ x_1 x_2 = \dfrac{c}{a} \end{cases}.$$

5- Let x_1 and x_2 be the roots of the equation $x^2 - 4x + 1 = 0$. Find the values of
   a- $x_1^2 + x_2^2$;

   b- $\dfrac{1}{x_1} + \dfrac{1}{x_2}$;

   c- $x_1^3 + x_2^3$.

6- Given that α and β are the roots of the equation $x^2 - x + 8 = 0$. Evaluate the following expressions:

a- $\dfrac{\beta}{1+\alpha^2} + \dfrac{\alpha}{1+\beta^2}$;

b- $\alpha^4 + \beta^4$.

7- Let α and β be the roots of the equation
$$(x-8)(x-9) + (x-10)(x-12) = 0.$$
Find the value of $2(11-\alpha)(11-\beta)$.

8- Let α and β be the roots of the equation
$$x(x+1) + (x+1)(x+2) + (x+2)(x+3) + (x+3)(x+1) = 0.$$
Compute $(\alpha+2)(\beta+2)$.

Solutions

1- Solve the following equations:
a- $x^2 - 3x + 5 = 0$
We have $\Delta = b^2 - 4ac = (-3)^2 - 4(1)(5) = 9 - 20 = -11 < 0$.
Therefore, the equation has no real roots.
b- $x^2 - 11x + 2 = 0$
We have $\Delta = b^2 - 4ac = (-11)^2 - 4(1)(2) = 121 - 8 = 113$.
The equation has two distinct real roots. They are

$$x_1 = \frac{-b + \sqrt{\Delta}}{2a} = \frac{-(-11) + \sqrt{113}}{2(1)} = \frac{11 + \sqrt{113}}{2}$$

and

$$x_2 = \frac{-b - \sqrt{\Delta}}{2a} = \frac{-(-11) - \sqrt{113}}{2(1)} = \frac{11 - \sqrt{113}}{2}.$$

c- $x^2 - 8x + 12 = 0$
We have $\Delta = b^2 - 4ac = (-8)^2 - 4(1)(12) = 64 - 48 = 16$.
The equation has two distinct real roots. They are

$$x_1 = \frac{-b + \sqrt{\Delta}}{2a} = \frac{-(-8) + \sqrt{16}}{2(1)} = \frac{8 + 4}{2} = \frac{12}{2} = 6$$

and

$$x_2 = \frac{-b - \sqrt{\Delta}}{2a} = \frac{-(-8) - \sqrt{16}}{2(1)} = \frac{8 - 4}{2} = \frac{4}{2} = 2.$$

d- $x^2 - 4x = 4x - 2$

We have $x^2 - 4x = 4x - 2$ or $x^2 - 8x + 2 = 0$.
It follows that $\Delta = b^2 - 4ac = (-8)^2 - 4(1)(2) = 64 - 8 = 56$.
The given equation has two distinct real roots. They are

$$x_1 = \frac{-b + \sqrt{\Delta}}{2a} = \frac{-(-8) + \sqrt{56}}{2(1)} = \frac{8 + 2\sqrt{14}}{2} = \frac{2(4 + \sqrt{14})}{2} = 4 + \sqrt{14}$$

and

$$x_2 = \frac{-b - \sqrt{\Delta}}{2a} = \frac{-(-8) - \sqrt{56}}{2(1)} = \frac{8 - 2\sqrt{14}}{2} = \frac{2(4 - \sqrt{14})}{2} = 4 - \sqrt{14}.$$

★ **Note:**
Given a quadratic equation $ax^2 + bx + c = 0$, where $a \neq 0$. If b is an even number, we can use Δ' to solve this equation, where $\Delta' = (b')^2 - ac$ and $b' = \dfrac{b}{2}$.

★ If $\Delta' > 0$, the given equation has two distinct real roots. They are

$$x_1 = \dfrac{-b' + \sqrt{\Delta}}{a}$$

and

$$x_1 = \dfrac{-b' - \sqrt{\Delta}}{a}.$$

★ If $\Delta = 0$, the given equation has two real roots with the same values. That is, $x_1 = x_2 = -\dfrac{b'}{a}$.

★ If $\Delta < 0$, the given equation has no real roots.

The given equation in problem $1 - d$ can be solve by using Δ'. Here is the solution by using Δ'.
We have $\Delta' = (b')^2 - ac = (-4)^2 - (1)(2) = 16 - 2 = 14$.
The given equation has two distinct real roots. They are

$$x_1 = \dfrac{-b' + \sqrt{\Delta'}}{a} = \dfrac{-(-4) + \sqrt{14}}{1} = 4 + \sqrt{14}$$

and

$$x_2 = \dfrac{-b' - \sqrt{\Delta'}}{a} = \dfrac{-(-4) - \sqrt{14}}{1} = 4 - \sqrt{14}.$$

e- $(x+1)(x+2) + (x+3)(x+4) = 0$
We have

$$(x+1)(x+2) + (x+3)(x+4) = 0$$

or

$$x^2 + 2x + x + 2 + x^2 + 4x + 3x + 12 = 0.$$

Then $2x^2 + 10x + 14 = 0$ or $x^2 + 5x + 7 = 0$.
It follows that $\Delta = b^2 - 4ac = 5^2 - 4(1)(7) = 25 - 28 = -3 < 0$.
Hence, the given equation has no real roots.

2- Solve the equation: $(x^2 + x + 3)^2 + x^2 + x - 9 = 0$.
We have $(x^2 + x + 3)^2 + x^2 + x - 9 = 0$ or $(x^2 + x + 3)^2 + (x^2 + x + 3) - 12 = 0$.
Let $t = x^2 + x + 3$. The given equation is equivalent to

$$t^2 + t - 12 = 0$$

or

$$(t-3)(t+4) = 0.$$

It follows that $\begin{bmatrix} t-3=0 \\ t+4=0 \end{bmatrix}$ or $\begin{bmatrix} t=3 \\ t=-4 \end{bmatrix}$.

If $t=3$, We obtain $x^2+x+3=3$ or $x^2+x=0$. Then $x(x+1)=0$.

Hence, $\begin{bmatrix} x=0 \\ x+1=0 \end{bmatrix}$ or $\begin{bmatrix} x=0 \\ x=-1 \end{bmatrix}$.

If $t=-4$, it follows that $x^2+x=-4$ or $x^2+x+4=0$. The equation has

$$\Delta = b^2 - 4ac = 1^2 - 4(1)(4) = 1-16 = -15 < 0.$$

Thus, the equation has no roots.
Consequently, $x \in \{-1, 1\}$.

3- The discriminant of the equation $x^2 - (m-2)x + m+1 = 0$ is defined by

$$\begin{aligned} \Delta &= b^2 - 4ac \\ &= [-(m-2)]^2 - 4(1)(m+1) \\ &= m^2 - 4m + 4 - 4m - 4 \\ &= m^2 - 8m \\ &= m(m-8). \end{aligned}$$

Determine the value of m such that the equation
(a) has two distinct real roots
The given equation has two distinct real roots if and only if $\Delta > 0$.
It follows that $m(m-8) > 0$.

Consequently, $\begin{cases} m>0 \\ m-8>0 \end{cases}$ or $\begin{cases} m<0 \\ m-8<0 \end{cases}$.

Then $\begin{cases} m>0 \\ m>8 \end{cases}$ or $\begin{cases} m<0 \\ m<8 \end{cases}$. That is, $m>8$ or $m<0$.

(b) has two real roots with the same values
The given equation has two real roots with the same values if and only if

$$m(m-8) = 0.$$

Then $\begin{bmatrix} m=0 \\ m-8=0 \end{bmatrix}$ or $\begin{bmatrix} m=0 \\ m=8 \end{bmatrix}$.

Henec, $x \in \{0, 8\}$.

(c) has no real roots
The given equation has no real roots if and only if $\Delta < 0$.
It follows that $m(m-8) < 0$.

Consequently, $\begin{cases} m<0 \\ m-8>0 \end{cases}$ or $\begin{cases} m>0 \\ m-8<0 \end{cases}$.

Then $\begin{cases} m<0 \\ m>8 \end{cases}$ or $\begin{cases} m>0 \\ m<8 \end{cases}$. That is, $0 < m < 8$.

4- Prove that $\begin{cases} x_1 + x_2 = -\dfrac{b}{a} \\ x_1 x_2 = \dfrac{c}{a} \end{cases}$.

Since x_1 and x_2 are the roots of the quadratic equation $ax^2 + bx + c = 0$, it follows that
$$ax^2 + bx + c = a(x - x_1)(x - x_2)$$
$$= a(x^2 - x_1 x - x_2 x + x_1 x_2)$$
$$= ax^2 - a(x_1 + x_2)x + ax_1 x_2.$$

We obtain $\begin{cases} -a(x_1 + x_2) = b \\ ax_1 x_2 = c \end{cases}$.

Consequently, $\begin{cases} x_1 + x_2 = -\dfrac{b}{a} \\ x_1 x_2 = \dfrac{c}{a} \end{cases}$.

5- Since x_1 and x_2 are the roots of the equation $x^2 - 4x + 1 = 0$, from the proof of problems (4), we obtain $\begin{cases} x_1 + x_2 = -\dfrac{b}{a} = 4 \\ x_1 x_2 = \dfrac{c}{a} = 1 \end{cases}$.

Find the values of
(a) $x_1^2 + x_2^2$
Observe that
$$x_1^2 + x_2^2 = x_1^2 + 2x_1 x_2 + x_2^2 - 2x_1 x_2$$
$$= (x_1 + x_2)^2 - 2x_1 x_2$$
$$= 4^2 - 2(1)$$
$$= 16 - 2 = 14.$$

(b) $\dfrac{1}{x_1} + \dfrac{1}{x_2}$
We have
$$\dfrac{1}{x_1} + \dfrac{1}{x_2} = \dfrac{x_1 + x_2}{x_1 x_2}$$
$$= \dfrac{4}{1} = 4.$$

(c) $x_1^3 + x_2^3$
We have
$$x_1^3 + x_2^3 = (x_1 + x_2)(x_1^2 - x_1 x_2 + x_2^2)$$
$$= (x_1 + x_2)\left[(x_1^2 + 2x_1 x_2 + x_2^2) - 3x_1 x_2\right]$$
$$= (x_1 + x_2)\left[(x_1 + x_2)^2 - 3x_1 x_2\right]$$
$$= 4\left[4^2 - 3(1)\right]$$
$$= 4(16 - 3)$$
$$= 4 \times 13 = 52.$$

6- Since α and β are the roots of the equation $x^2 - x + 8 = 0$, it follows that
$$\alpha + \beta = -\frac{b}{a} = 1$$
and
$$\alpha\beta = \frac{c}{a} = 8.$$

Evaluate:

(a) $\dfrac{\beta}{1+\alpha^2} + \dfrac{\alpha}{1+\beta^2}$

Observe that
$$\frac{\beta}{1+\alpha^2} + \frac{\alpha}{1+\beta^2} = \frac{\beta + \beta^3 + \alpha + \alpha^3}{(1+\alpha^2)(1+\beta^2)}$$
$$= \frac{\alpha + \beta + (\alpha^3 + \beta^3)}{1 + \beta^2 + \alpha^2 + \alpha^2\beta^2}$$
$$= \frac{\alpha + \beta + (\alpha + \beta)(\alpha^2 - \alpha\beta + \beta^2)}{1 + (\alpha^2 + 2\alpha\beta + \beta^2) - 2\alpha\beta + \alpha^2\beta^2}$$
$$= \frac{\alpha + \beta + (\alpha + \beta)\left[(\alpha+\beta)^2 - 3\alpha\beta\right]}{1 + (\alpha+\beta)^2 - 2\alpha\beta + (\alpha\beta)^2}$$
$$= \frac{1 + (1)\left[1^2 - 3(8)\right]}{1 + 1^2 - 2(8) + 8^2}$$
$$= \frac{1 - 23}{2 - 16 + 64} = \frac{-22}{50} = -\frac{11}{25}.$$

(c) $\alpha^4 + \beta^4$

Observe that
$$\alpha^4 + \beta^4 = (\alpha^2)^2 + (\beta^2)^2 + 2\alpha^2\beta^2 - 2\alpha^2\beta^2$$
$$= (\alpha^2 + \beta^2)^2 - 2\alpha^2\beta^2$$
$$= \left[(\alpha^2 + 2\alpha\beta + \beta^2) - 2\alpha\beta\right]^2 - 2\alpha^2\beta^2$$
$$= \left[(\alpha+\beta)^2 - 2\alpha\beta\right]^2 - 2(\alpha\beta)^2$$
$$= \left[1^2 - 2(8)\right]^2 - 2(8)^2$$
$$= (1 - 16)^2 - 2(64)$$
$$= 225 - 128 = 97.$$

7- Find the value of $2(11 - \alpha)(11 - \beta)$.

We have
$$(x-8)(x-9) + (x-10)(x-12) = 0$$
or
$$x^2 - 9x - 8x + 72 + x^2 - 10x - 12x + 120 = 0.$$

Then $2x^2 - 39x + 192 = 0$. It follows that $\alpha + \beta = -\dfrac{b}{a} = \dfrac{39}{2}$
and $\alpha\beta = \dfrac{c}{a} = \dfrac{192}{2} = 96$.
Observe that

$$\begin{aligned}
2(11-\alpha)(11-\beta) &= 2(121 - 11\beta - 11\alpha + \alpha\beta) \\
&= 2[121 - (\alpha+\beta)11 + \alpha\beta] \\
&= 2\left[121 - 11\left(\dfrac{39}{2}\right) + 96\right] \\
&= 2\left(217 - \dfrac{429}{2}\right) \\
&= 434 - 429 = 5.
\end{aligned}$$

8- Compute $(\alpha+2)(\beta+2)$.
We have

$$x(x+1) + (x+1)(x+2) + (x+2)(x+3) + (x+3)(x+1) = 0$$

or

$$x^2 + x + x^2 + 3x + 2 + x^2 + 5x + 6 + x^2 + 4x + 3 = 0.$$

Then $3x^2 + 13x + 11 = 0$.
It follows that $\alpha + \beta = -\dfrac{b}{a} = -\dfrac{13}{3}$ and $\alpha\beta = \dfrac{c}{a} = \dfrac{11}{3}$.
Observe that

$$\begin{aligned}
(\alpha+2)(\beta+2) &= \alpha\beta + 2\alpha + 2\beta + 4 \\
&= \alpha\beta + 2(\alpha+\beta) + 4 \\
&= \dfrac{11}{3} + 2\left(-\dfrac{13}{3}\right) + 4 \\
&= \dfrac{11}{3} - \dfrac{26}{3} + 4 \\
&= -\dfrac{15}{3} + 4 = -5 + 4 = -1.
\end{aligned}$$

Selection Problems

1- Simplify the following expressions:

   a- $\sqrt{8 - 2\sqrt{15}} + \sqrt{8 + 2\sqrt{15}}$;

   b- $\sqrt{4 + \sqrt{7}} - \sqrt{4 - \sqrt{7}}$;

   c- $\sqrt{4 + \sqrt{10 + 2\sqrt{5}}} + \sqrt{4 - \sqrt{10 + 2\sqrt{5}}}$;

   d- $\sqrt{4 + \sqrt{15}} + \sqrt{4 - \sqrt{15}} - 2\sqrt{3 - \sqrt{5}}$.

2- Prove that $\sqrt[4]{49 + 20\sqrt{6}} + \sqrt[4]{49 - 20\sqrt{6}} - 2\sqrt{3}$.

3- Prove that $\dfrac{2\sqrt{3 + \sqrt{5 - \sqrt{13 + \sqrt{48}}}}}{\sqrt{6} + \sqrt{2}}$ is an integer.

4- Show that all of the following expressions are integer.

   a- $\sqrt{\sqrt{50}\sqrt{30\sqrt{29 - 12\sqrt{5}}}}$;

   b- $\dfrac{\left(5 + 2\sqrt{6}\right)\left(49 - 20\sqrt{6}\right)\sqrt{5 - 2\sqrt{6}}}{9\sqrt{3} - 11\sqrt{2}}$;

   c- $\sqrt{4 + \sqrt{5\sqrt{3} + 5\sqrt{48 - 10\sqrt{7 + 4\sqrt{3}}}}}$;

   d- $\left(\sqrt{3} - 1\right)\sqrt{6 + 2\sqrt{2}\sqrt{3 - \sqrt{\sqrt{2} + \sqrt{12} + \sqrt{18 - \sqrt{128}}}}}$.

5- Find the value of $\sqrt{5 + \sqrt{13 + \sqrt{5 + \sqrt{13 + ...}}}}$.

6- Prove that $\sqrt[3]{182 + \sqrt{33125}} + \sqrt[3]{182 - \sqrt{33125}}$ is an integer.

7- For $a \geq \dfrac{1}{8}$, we define $x = \sqrt[3]{a + \dfrac{a+1}{3}\sqrt{\dfrac{8a-1}{3}}} + \sqrt[3]{a - \dfrac{a+1}{3}\sqrt{\dfrac{8a-1}{3}}}$.

Prove that x is a positive integer.

8- Let a, b, c, x, y and z are real numbers that satisfy $ax^3 = by^3 = cz^3$ and $\dfrac{1}{x} + \dfrac{1}{y} + \dfrac{1}{z} = 1$. Show that $\sqrt[3]{ax^2 + by^2 + cz^2} = \sqrt[3]{a} + \sqrt[3]{b} + \sqrt[3]{c}$.

9- Let x, y and $z > 0$ such that $xy + yz + zx = 1$. Find the value of

$$S = x\sqrt{\dfrac{(1+y^2)(1+z^2)}{1+x^2}} + y\sqrt{\dfrac{(1+y^2)(1+x^2)}{1+y^2}} + x\sqrt{\dfrac{(1+x^2)(1+y^2)}{1+z^2}}.$$

10- Simplify $S = \dfrac{1}{2\sqrt{1}+1\sqrt{2}} + \dfrac{1}{3\sqrt{2}+2\sqrt{3}} + ... + \dfrac{1}{(n+1)\sqrt{n}+n\sqrt{n+1}}$.

11- Compute $S = \dfrac{1}{\sqrt{1}+\sqrt{2}} + \dfrac{1}{\sqrt{2}+\sqrt{3}} + ... + \dfrac{1}{\sqrt{n+1}+\sqrt{n}}$.

12- Evaluate the following expressions:

(1) $\sqrt{1+n^2+\dfrac{n^2}{(n+1)^2}} + \dfrac{n}{n+1}$;

(2) $\sqrt{\dfrac{1}{1^2}+\dfrac{1}{2^2}+\dfrac{1}{3^2}} + \sqrt{\dfrac{1}{1^2}+\dfrac{1}{3^2}+\dfrac{1}{4^2}} + ... + \sqrt{\dfrac{1}{1^2}+\dfrac{1}{n^2}+\dfrac{1}{(n+1)^2}}$.

13- Given that a, b, c, x, y and z are real numbers such that $\dfrac{x^2-yz}{a} = \dfrac{y^2-zx}{b} = \dfrac{z^2-xy}{c}$. Prove that $\dfrac{a^2-bc}{x} = \dfrac{b^2-ca}{y} = \dfrac{c^2-ab}{z}$.

14- Let x, y and z are real numbers such that $xyz = 1$. Prove that

$$\dfrac{1}{1+x+xy} + \dfrac{1}{1+y+yz} + \dfrac{1}{1+z+zx} = 1.$$

15- Given that $\dfrac{x^4}{a} + \dfrac{y^4}{b} = \dfrac{1}{a+b}$ and $x^2 + y^2 = 1$. Prove that $\dfrac{x^{2n}}{a^n} + \dfrac{y^{2n}}{b^n} = \dfrac{2}{(a+b)^n}$.

16- Given that $x = \dfrac{a-b}{a+b}, y = \dfrac{b-c}{b+c}$ and $z = \dfrac{c-a}{c+a}$. Prove that

$$(1+x)(1+y)(1+z) = (1-x)(1-y)(1-z).$$

17- Let a, b and c be three distinct real numbers. Prove that

$$\dfrac{a+b}{a-b}\dfrac{b+c}{b-c} + \dfrac{c+a}{c-a}\dfrac{b+c}{b-c} + \dfrac{c+a}{c-a}\dfrac{a+b}{a-b} = 1.$$

18- Given that $x+y = a+b$ and $x^2+b^2 = a^2+b^2$. Prove that $x^n + y^n = a^n + b^n$ for all natural number n.

19- Given that $a > b > 0$ and satisfy $3a^2 + 3b^2 = 10ab$. Compute $A = \dfrac{a-b}{a+b}$.

20- Given x, y and z be three real numbers that satisfy $x+y+z = 0$ and $x^2 + y^2 + z^2 = a^2$. Find $x^4 + y^4 + z^4$ in terms of a.

21- Compute $P = \left(1 - \dfrac{4}{1}\right)\left(1 - \dfrac{4}{9}\right)\left(1 - \dfrac{4}{25}\right) \ldots \left[1 - \dfrac{4}{(2n-1)^2}\right].$

22- Find the value of
$$M = \dfrac{1+2}{2} + \dfrac{1+2+3}{2^2} + \dfrac{1+2+3+4}{2^3} + \dfrac{1+2+3+4+5}{2^4} + \ldots \quad .$$

Solutions

1- Simplify the following expressions:

a- $\sqrt{8-2\sqrt{15}}+\sqrt{8+2\sqrt{15}}$

We have

$$\sqrt{8-2\sqrt{15}}+\sqrt{8+2\sqrt{15}}$$
$$=\sqrt{5-2\sqrt{15}+3}+\sqrt{5+2\sqrt{15}+3}$$
$$=\sqrt{\sqrt{5^2}-2\sqrt{5}\times\sqrt{3}+\sqrt{3^2}}+\sqrt{\sqrt{5^2}+2\sqrt{5}\times\sqrt{3}+\sqrt{3^2}}$$
$$=\sqrt{\left(\sqrt{5}-\sqrt{3}\right)^2}+\sqrt{\left(\sqrt{5}+\sqrt{3}\right)^2}$$
$$=\sqrt{5}-\sqrt{3}+\sqrt{5}+\sqrt{3}$$
$$=2\sqrt{5}.$$

b- $\sqrt{4+\sqrt{7}}-\sqrt{4-\sqrt{7}}$

We have

$$\sqrt{4+\sqrt{7}}-\sqrt{4-\sqrt{7}}$$
$$=\sqrt{\frac{8+2\sqrt{7}}{2}}-\sqrt{\frac{8-2\sqrt{7}}{2}}$$
$$=\frac{\sqrt{7+2\sqrt{7}+1}}{\sqrt{2}}-\frac{\sqrt{7-2\sqrt{7}+1}}{\sqrt{2}}$$
$$=\frac{\sqrt{\sqrt{7^2}+2\sqrt{7}+1^2}-\sqrt{\sqrt{7^2}-2\sqrt{7}+1^2}}{\sqrt{2}}$$
$$=\frac{\sqrt{\left(\sqrt{7}+1\right)^2}-\sqrt{\left(\sqrt{7}-1\right)^2}}{\sqrt{2}}$$
$$=\frac{\sqrt{7}+1-\left(\sqrt{7}-1\right)}{\sqrt{2}}$$
$$=\frac{\sqrt{7}+1-\sqrt{7}+1}{\sqrt{2}}=\frac{2}{\sqrt{2}}=\frac{2\sqrt{2}}{\sqrt{2^2}}=\sqrt{2}.$$

c- $\sqrt{4+\sqrt{10+2\sqrt{5}}}+\sqrt{4-\sqrt{10+2\sqrt{5}}}$

Let $A = \sqrt{4+\sqrt{10+2\sqrt{5}}}+\sqrt{4-\sqrt{10+2\sqrt{5}}}$. Then $A > 0$.
We obtain

$$A^2 = \left(\sqrt{4+\sqrt{10+2\sqrt{5}}}+\sqrt{4-\sqrt{10+2\sqrt{5}}}\right)^2$$

$$= \sqrt{\left(4+\sqrt{10+2\sqrt{5}}\right)^2}+2\sqrt{\left(4+\sqrt{10+2\sqrt{5}}\right)\left(4-\sqrt{10+2\sqrt{5}}\right)}$$

$$+\sqrt{\left(4+\sqrt{10+2\sqrt{5}}\right)^2}$$

$$= 4+\sqrt{10+2\sqrt{5}}+2\sqrt{4^2-\left(\sqrt{10+2\sqrt{5}}\right)^2}+4-\sqrt{10+2\sqrt{5}}$$

$$= 8+2\sqrt{16-10-2\sqrt{5}}$$

$$= 8+2\sqrt{6-2\sqrt{5}}$$

$$= 8+2\sqrt{5-2\sqrt{5}+1}$$

$$= 8+2\sqrt{\sqrt{5}^2-2\sqrt{5}+1^2}$$

$$= 8+2\sqrt{\left(\sqrt{5}-1\right)^2}$$

$$= 8+2\left(\sqrt{5}-1\right)$$

$$= 8+2\sqrt{5}-2$$

$$= 6+2\sqrt{5}$$

$$= 5+2\sqrt{5}+1$$

$$= \sqrt{5}^2+2\sqrt{5}+1^2$$

$$= \left(\sqrt{5}+1\right)^2.$$

It implies that $A = \sqrt{\left(\sqrt{5}+1\right)^2} = \sqrt{5}+1$.

d- $\sqrt{4+\sqrt{15}}+\sqrt{4-\sqrt{15}}-2\sqrt{3-\sqrt{5}}$
We have $\sqrt{4+\sqrt{15}}+\sqrt{4-\sqrt{15}}-2\sqrt{3-\sqrt{5}}$

$$= \sqrt{\frac{8+2\sqrt{15}}{2}}+\sqrt{\frac{8-2\sqrt{15}}{2}}-2\sqrt{\frac{6-2\sqrt{5}}{2}}$$

$$= \frac{\sqrt{5+2\sqrt{15}+3}}{\sqrt{2}}+\frac{\sqrt{5-2\sqrt{15}+3}}{\sqrt{2}}-\frac{2\sqrt{5-2\sqrt{5}+1}}{\sqrt{2}}$$

$$= \frac{\sqrt{\sqrt{5}^2+2\sqrt{15}+\sqrt{3}^2}+\sqrt{\sqrt{5}^2-2\sqrt{15}+\sqrt{3}^2}-2\sqrt{\sqrt{5}^2-2\sqrt{5}+1^2}}{\sqrt{2}}$$

$$= \frac{\sqrt{\left(\sqrt{5}+\sqrt{3}\right)^2}+\sqrt{\left(\sqrt{5}-\sqrt{3}\right)^2}-2\sqrt{\left(\sqrt{5}-1\right)^2}}{\sqrt{2}}$$

$$= \frac{\sqrt{5}+\sqrt{3}+\sqrt{5}-\sqrt{3}-2\sqrt{5}+2}{\sqrt{2}}$$

$$= \frac{2}{\sqrt{2}}=\frac{2\sqrt{2}}{2}=\sqrt{2}.$$

2- Prove that $\sqrt[4]{49+20\sqrt{6}}+\sqrt[4]{49-20\sqrt{6}}=2\sqrt{3}$.
We have

$$\sqrt[4]{49+20\sqrt{6}}+\sqrt[4]{49-20\sqrt{6}}$$
$$= \sqrt[4]{25+20\sqrt{6}+24}+\sqrt[4]{25-20\sqrt{6}+24}$$
$$= \sqrt[4]{5^2+2(5)\left(2\sqrt{6}\right)+\left(2\sqrt{6}\right)^2}+\sqrt[4]{5^2-2(5)\left(2\sqrt{6}\right)+\left(2\sqrt{6}\right)^2}$$
$$= \sqrt[4]{\left(5+2\sqrt{6}\right)^2}+\sqrt[4]{\left(5-2\sqrt{6}\right)^2}$$
$$= \sqrt{5+2\sqrt{6}}+\sqrt{5-2\sqrt{6}}$$
$$= \sqrt{3+2\sqrt{6}+2}+\sqrt{3-2\sqrt{6}+2}$$
$$= \sqrt{\sqrt{3}^2+2\sqrt{3}\sqrt{2}+\sqrt{2}^2}+\sqrt{\sqrt{3}^2-2\sqrt{3}\sqrt{2}+\sqrt{2}^2}$$
$$= \sqrt{\left(\sqrt{3}+\sqrt{2}\right)^2}+\sqrt{\left(\sqrt{3}-\sqrt{2}\right)^2}$$
$$= \sqrt{3}+\sqrt{2}+\sqrt{3}-\sqrt{2}=2\sqrt{3}.$$

3- Prove that $\dfrac{2\sqrt{3+\sqrt{5-\sqrt{13+\sqrt{48}}}}}{\sqrt{6}+\sqrt{2}}$ is a rational number.

Observe that

$$\sqrt{3+\sqrt{5-\sqrt{13+\sqrt{48}}}} = \sqrt{3+\sqrt{5-\sqrt{13+2\sqrt{12}}}}$$

$$= \sqrt{3+\sqrt{5-\sqrt{12+2\sqrt{12}+1}}}$$

$$= \sqrt{3+\sqrt{5-\sqrt{\sqrt{12}^2+2\sqrt{12}+1}}}$$

$$= \sqrt{3+\sqrt{5-\sqrt{\left(\sqrt{12}+1\right)^2}}}$$

$$= \sqrt{3+\sqrt{5-\sqrt{12}-1}}$$

$$= \sqrt{3+\sqrt{4-2\sqrt{3}}}$$

$$= \sqrt{3+\sqrt{3-2\sqrt{3}+1}}$$

$$= \sqrt{3+\sqrt{\sqrt{3}^2-2\sqrt{3}+1^2}}$$

$$= \sqrt{3+\sqrt{\left(\sqrt{3}-1\right)^2}}$$

$$= \sqrt{3+\sqrt{3}-1}$$

$$= \sqrt{2+\sqrt{3}}$$

$$= \sqrt{\dfrac{4+2\sqrt{3}}{2}}$$

$$= \dfrac{\sqrt{4+2\sqrt{3}}}{\sqrt{2}}$$

$$= \dfrac{\sqrt{3+2\sqrt{3}+1}}{\sqrt{2}}$$

$$= \dfrac{\sqrt{\sqrt{3}^2+2\sqrt{3}+1^2}}{\sqrt{2}}$$

$$= \dfrac{\sqrt{\left(\sqrt{3}+1\right)^2}}{\sqrt{2}} = \dfrac{\sqrt{3}+1}{\sqrt{2}} = \dfrac{\sqrt{6}+\sqrt{2}}{2}.$$

Then $\dfrac{2\sqrt{3+\sqrt{5-\sqrt{13+\sqrt{48}}}}}{\sqrt{6}+\sqrt{2}} = \dfrac{1}{2}$.

That is, $\dfrac{2\sqrt{3+\sqrt{5-\sqrt{13+\sqrt{48}}}}}{\sqrt{6}+\sqrt{2}}$ is a rational number.

Thus, the given statement is proved.

4- Prove that

a- $\sqrt{50+\sqrt{30+\sqrt{29-12\sqrt{5}}}}$ is an integer.

We have

$$\sqrt{\sqrt{5}-\sqrt{3-\sqrt{29-12\sqrt{5}}}}$$

$$= \sqrt{\sqrt{5}-\sqrt{3-\sqrt{20-12\sqrt{5}+9}}}$$

$$= \sqrt{\sqrt{5}-\sqrt{3-\sqrt{\left(2\sqrt{5}\right)^2 - 2\left(2\sqrt{5}\right)(3) + 3^2}}}$$

$$= \sqrt{\sqrt{5}-\sqrt{3-\sqrt{\left(2\sqrt{5}-3\right)^2}}}$$

$$= \sqrt{\sqrt{5}-\sqrt{3-2\sqrt{5}+3}}$$

$$= \sqrt{\sqrt{5}-\sqrt{6-2\sqrt{5}}}$$

$$= \sqrt{\sqrt{5}-\sqrt{5-2\sqrt{5}+1}}$$

$$= \sqrt{\sqrt{5}-\sqrt{\sqrt{5}^2-2\sqrt{5}+1}}$$

$$= \sqrt{\sqrt{5}-\sqrt{\left(\sqrt{5}-1\right)^2}}$$

$$= \sqrt{\sqrt{5}-\sqrt{5}+1} = \sqrt{1} = 1.$$

Therefore, $\sqrt{50+\sqrt{30+\sqrt{29-12\sqrt{5}}}}$ is an integer.

b- $\dfrac{(5+2\sqrt{6})(49-20\sqrt{6})\sqrt{5-2\sqrt{6}}}{9\sqrt{3}-11\sqrt{2}}$ is an integer.

We have

$(5+2\sqrt{6})(49-20\sqrt{6})\sqrt{5-2\sqrt{6}}$

$= (5+2\sqrt{6})(25-20\sqrt{6}+24)\sqrt{3-2\sqrt{6}+2}$

$= (5+2\sqrt{6})\left[5^2-2(5)(2\sqrt{6})+(2\sqrt{6})^2\right]\sqrt{\sqrt{3}^2-2\sqrt{6}+\sqrt{2}^2}$

$= (5+2\sqrt{6})(5-2\sqrt{6})^2\sqrt{(\sqrt{3}-\sqrt{2})^2}$

$= \left[(5+2\sqrt{6})(5-2\sqrt{6})\right]\left[(5-2\sqrt{6})(\sqrt{3}-\sqrt{2})\right]$

$= \left[5^2-(2\sqrt{6})^2\right](5\sqrt{3}-5\sqrt{2}-2\sqrt{18}+2\sqrt{12})$

$= (25-24)(5\sqrt{3}-5\sqrt{2}-6\sqrt{2}+4\sqrt{3})$

$= 9\sqrt{3}-11\sqrt{2}.$

It follows that $\dfrac{(5+2\sqrt{6})(49-20\sqrt{6})\sqrt{5-2\sqrt{6}}}{9\sqrt{3}-11\sqrt{2}} = 1.$

Consequently, the given claimed is proved.

c- $\sqrt{4+\sqrt{5\sqrt{3}+5\sqrt{48-10\sqrt{7+4\sqrt{3}}}}}$ is an integer.

We have

$\sqrt{4+\sqrt{5\sqrt{3}+5\sqrt{48-10\sqrt{7+4\sqrt{3}}}}}$

$= \sqrt{4+\sqrt{5\sqrt{3}+5\sqrt{48-10\sqrt{4+4\sqrt{3}+3}}}}$

$= \sqrt{4+\sqrt{5\sqrt{3}+5\sqrt{48-10\sqrt{2^2+4\sqrt{3}+\sqrt{3}^2}}}}$

$= \sqrt{4+\sqrt{5\sqrt{3}+5\sqrt{48-10\sqrt{(2+\sqrt{3})^2}}}}$

150

$$= \sqrt{4+\sqrt{5\sqrt{3}+5\sqrt{48-10\left(2+\sqrt{3}\right)}}}$$

$$= \sqrt{4+\sqrt{5\sqrt{3}+5\sqrt{48-20-10\sqrt{3}}}}$$

$$= \sqrt{4+\sqrt{5\sqrt{3}+5\sqrt{28-10\sqrt{3}}}}$$

$$= \sqrt{4+\sqrt{5\sqrt{3}+5\sqrt{25-10\sqrt{3}+3}}}$$

$$= \sqrt{4+\sqrt{5\sqrt{3}+5\sqrt{5^2-2(5)\left(\sqrt{3}\right)+\sqrt{3}^2}}}$$

$$= \sqrt{4+\sqrt{5\sqrt{3}+5\sqrt{\left(5-\sqrt{3}\right)^2}}}$$

$$= \sqrt{4+\sqrt{5\sqrt{3}+5\left(5-\sqrt{3}\right)}}$$

$$= \sqrt{4+\sqrt{5\sqrt{3}+25-5\sqrt{3}}}$$

$$= \sqrt{4+\sqrt{25}}$$

$$= \sqrt{4+5} = \sqrt{9} = 3.$$

Consequently, the claim is proved.

d- $\left(\sqrt{3}-1\right)\sqrt{6+2\sqrt{2}\sqrt{3-\sqrt{\sqrt{2}+\sqrt{12}+\sqrt{18-\sqrt{128}}}}}$ is an integer.
We have

$$\left(\sqrt{3}-1\right)\sqrt{6+2\sqrt{2}\sqrt{3-\sqrt{\sqrt{2}+\sqrt{12}+\sqrt{18-\sqrt{128}}}}}$$

$$= \left(\sqrt{3}-1\right)\sqrt{6+2\sqrt{2}\sqrt{3-\sqrt{\sqrt{2}+\sqrt{12}+\sqrt{18-2\sqrt{32}}}}}$$

$$= \left(\sqrt{3}-1\right)\sqrt{6+2\sqrt{2}\sqrt{3-\sqrt{\sqrt{2}+\sqrt{12}+\sqrt{16-2\sqrt{32}+2}}}}$$

$$= \left(\sqrt{3}-1\right)\sqrt{6+2\sqrt{2}\sqrt{3-\sqrt{\sqrt{2}+\sqrt{12}+\sqrt{\sqrt{16^2-2\sqrt{32}+\sqrt{2}^2}}}}}$$

$$= \left(\sqrt{3}-1\right)\sqrt{6+2\sqrt{2}\sqrt{3-\sqrt{\sqrt{2}+\sqrt{12}+\sqrt{\left(\sqrt{16}-\sqrt{2}\right)^2}}}}$$

$$= \left(\sqrt{3}-1\right)\sqrt{6+2\sqrt{2}\sqrt{3-\sqrt{\sqrt{2}+\sqrt{12}+\sqrt{16}-\sqrt{2}}}}$$

$$= \left(\sqrt{3}-1\right)\sqrt{6+2\sqrt{2}\sqrt{3-\sqrt{4+2\sqrt{3}}}}$$

$$= \left(\sqrt{3}-1\right)\sqrt{6+2\sqrt{2}\sqrt{3-\sqrt{3+2\sqrt{3}+1}}}$$

$$= \left(\sqrt{3}-1\right)\sqrt{6+2\sqrt{2}\sqrt{3-\sqrt{\sqrt{3}^2+2\sqrt{3}+1^2}}}$$

$$= \left(\sqrt{3}-1\right)\sqrt{6+2\sqrt{2}\sqrt{3-\sqrt{\left(\sqrt{3}+1\right)^2}}}$$

$$= \left(\sqrt{3}-1\right)\sqrt{6+2\sqrt{2}\sqrt{3-\left(\sqrt{3}+1\right)}}$$

$$= \left(\sqrt{3}-1\right)\sqrt{6+2\sqrt{2}\sqrt{3-\sqrt{3+2\sqrt{3}+1}}}$$

$$= \left(\sqrt{3}-1\right)\sqrt{6+2\sqrt{2}\sqrt{2-\sqrt{3}}}$$

$$= \left(\sqrt{3}-1\right)\sqrt{6+2\sqrt{4-2\sqrt{3}}}$$

$$= \left(\sqrt{3}-1\right)\sqrt{6+2\sqrt{3-2\sqrt{3}+1}}$$

$$= \left(\sqrt{3}-1\right)\sqrt{6+2\sqrt{4-2\sqrt{3}}}$$

$$= \left(\sqrt{3}-1\right)\sqrt{6+2\sqrt{3-2\sqrt{3}+1}}$$

$$= \left(\sqrt{3}-1\right)\sqrt{6+2\sqrt{\sqrt{3}^2-2\sqrt{3}+1^2}}$$

$$= \left(\sqrt{3}-1\right)\sqrt{6+2\sqrt{\left(\sqrt{3}-1\right)^2}}$$

$$= \left(\sqrt{3}-1\right)\sqrt{6+2\sqrt{3}-2}$$
$$= \left(\sqrt{3}-1\right)\sqrt{4+2\sqrt{3}}$$
$$= \left(\sqrt{3}-1\right)\sqrt{\left(\sqrt{3}+1\right)^2}$$
$$= \left(\sqrt{3}-1\right)\left(\sqrt{3}+1\right)$$
$$= \sqrt{3^2 - 1^2} = 3 - 1 = 2.$$

Thus, the claimed is proved.

5- Find the value of $\sqrt{5+\sqrt{13+\sqrt{5+\sqrt{13+....}}}}$

Let $x = \sqrt{5+\sqrt{13+\sqrt{5+\sqrt{13+....}}}}$

Then $x^2 = 5 + \sqrt{13+\sqrt{5+\sqrt{13+....}}}$. It follows that $x^2 - 5 = \sqrt{13+\sqrt{5+\sqrt{13+}}}$

or $(x^2 - 5)^2 = 13 + \sqrt{5+\sqrt{13+\sqrt{5+\sqrt{13+...}}}} = 13 + x$.

Consequently,

$$x^4 - 10x^2 + 25 = 13 + x$$
$$x^4 - 10x^2 - x + 12 = 0$$
$$(x^4 - 9x^2) - (x^2 - 9) - (x-3) = 0$$
$$x^2(x^2 - 9) - (x-3)(x+3) - (x-3) = 0$$
$$x^2(x-3)(x+3) - (x-3)(x+3) - (x-3) = 0$$
$$(x-3)\left[x^2(x+3) - (x+3) - 1\right] = 0$$
$$(x-3)\left[(x+3)(x^2-1) - 1\right] = 0$$
$$(x-3)\left[(x+3)(x-1)(x+1) - 1\right] = 0.$$

Moreover, $x = \sqrt{5+\sqrt{13+\sqrt{5+\sqrt{13+...}}}} > 2$.
Then $(x+3)(x-1)(x+1) - 1 > 0$.
Hence, $x - 3 = 0$ or $x = 3$.

Thus, $\sqrt{5+\sqrt{13+\sqrt{5+\sqrt{13+...}}}} = 3$.

6- Prove that $\sqrt[3]{182+\sqrt{33125}} + \sqrt[3]{182-\sqrt{33125}}$ is an integer.

Let $A = \sqrt[3]{182+\sqrt{33125}} + \sqrt[3]{182-\sqrt{33125}} > 0$.

Using $(a+b)^3 = a^3 + b^3 + 3ab(a+b)$, it implies that

$A^3 = 182 + \sqrt{33125} + 182 - \sqrt{33125}$
$+ 3\sqrt[3]{\left(182 + \sqrt{33125}\right)\left(182 - \sqrt{33125}\right)} \left(\sqrt[3]{182 + \sqrt{33125}} + \sqrt[3]{182 - \sqrt{33125}}\right)$
$= 364 + 3\sqrt[3]{33124 - 33125}A$
$= 364 - 3A.$

Then

$$A^3 + 3A - 364 = 0$$
$$A^3 - 7A^2 + 7A^2 - 49A + 52A - 364 = 0$$
$$A^2(A-7) + 7A(A-7) + 52(A-7) = 0$$
$$(A-7)\left(A^2 + 7A + 52\right) = 0.$$

Since $A^2 + 7A + 52 > 0$, it follows that $A - 7 = 0$ or $A = 7$.
Hence, $\sqrt[3]{182 + \sqrt{33125}} + \sqrt[3]{182 - \sqrt{33125}} = 7$ is an integer.
7- Prove that x is an positive integer.
We have $x = \sqrt[3]{a + \frac{a+1}{3}\sqrt{\frac{8a-1}{3}}} + \sqrt[3]{a - \frac{a+1}{3}\sqrt{\frac{8a-1}{3}}}.$

154

Then

$$x^3 = a + \frac{a+1}{3}\sqrt{\frac{8a-1}{3}} + a - \frac{a+1}{3}\sqrt{\frac{8a-1}{3}}$$

$$+ 3\sqrt[3]{\left(a + \frac{a+1}{3}\sqrt{\frac{8a-1}{3}}\right)\left(a - \frac{a+1}{3}\sqrt{\frac{8a-1}{3}}\right)}$$

$$\times \left(\sqrt[3]{a + \frac{a+1}{3}\sqrt{\frac{8a-1}{3}}} + \sqrt[3]{a - \frac{a+1}{3}\sqrt{\frac{8a-1}{3}}}\right)$$

$$= 2a + 3x\sqrt[3]{a^2 - \left(\frac{a+1}{3}\right)^2 \left(\frac{8a-1}{3}\right)}$$

$$= 2a + 3x\sqrt[3]{a^2 - \frac{(a^2+2a+1)(8a-1)}{27}}$$

$$= 2a + x\sqrt[3]{27a^2 - (8a^3 - a^2 + 16a^2 - 2a + 8a - 1)}$$

$$= 2a + x + \sqrt[3]{27a^2 - (8a^3 + 15a^2 + 6a - 1)}$$

$$= 2a + x\sqrt[3]{1 - 6a + 12a^2 - 8a^3}$$

$$= 2a + x\sqrt[3]{(1-2a)^3}$$

$$= 2a + x(1-2a)$$

$$= 2a + x - 2ax.$$

It follows that

$$x^3 - x + 2ax - 2a = 0$$
$$x(x^2 - 1) + 2a(x-1) = 0$$
$$x(x-1)(x+1) + 2a(x-1) = 0$$
$$(x-1)[x(x+1) + 2a] = 0$$
$$(x-1)(x^2 + x + 2a) = 0.$$

Since $x^2 + x + 2a > 0$, we obtain $x - 1 = 0$ or $x = 1$.
Thus, the claim is proved.

8- Show that $\sqrt[3]{ax^2 + by^2 + cz^2} = \sqrt[3]{a} + \sqrt[3]{b} + \sqrt[3]{c}$.
Let $ax^3 = by^3 = cz^3 = k$. Then $ax^2 = \frac{k}{x}$, $by^2 = \frac{k}{y}$ and $cz^2 = \frac{k}{z}$.

155

It follows that

$$\sqrt[3]{ax^2+by^2+cz^2} = \sqrt[3]{\frac{k}{x}+\frac{k}{y}+\frac{k}{z}}$$
$$= \sqrt[3]{k\left(\frac{1}{x}+\frac{1}{y}+\frac{1}{z}\right)}$$
$$= \sqrt[3]{k}\left(\frac{1}{x}+\frac{1}{y}+\frac{1}{z}\right)$$
$$= \frac{\sqrt[3]{k}}{x}+\frac{\sqrt[3]{k}}{y}+\frac{\sqrt[3]{k}}{z}$$
$$= \sqrt[3]{\frac{k}{x^3}}+\sqrt[3]{\frac{k}{y^3}}+\sqrt[3]{\frac{k}{z^3}}$$
$$= \sqrt[3]{a}+\sqrt[3]{b}+\sqrt[3]{c}.$$

Consequently, $\sqrt[3]{ax^2+by^2+cz^2} = \sqrt[3]{a}+\sqrt[3]{b}+\sqrt[3]{c}$.

9- Find the value of S.

Since $xy+yz+zx = 1$, it implies that
$1+x^2 = xy+yz+zx+x^2 = y(x+z)+x(x+z) = (x+z)(x+y)$.
Similarly, $1+y^2 = (y+x)(y+z)$ and $1+z^2 = (z+x)(z+y)$.
We obtain

$$\frac{(1+y^2)(1+z^2)}{1+x^2} = \frac{(y+x)(y+z)(z+x)(z+y)}{(x+y)(x+z)}$$
$$= (y+z)^2.$$

Then $\sqrt{\dfrac{(1+y^2)(1+z^2)}{1+x^2}} = \sqrt{(y+z)^2} = y+z$.

Likewise, $\sqrt{\dfrac{(1+z^2)(1+x^2)}{1+y^2}} = z+x$ and $\sqrt{\dfrac{(1+x^2)(1+y^2)}{1+z^2}} = x+y$.

We obtain

$$S = x\sqrt{\frac{(1+y^2)(1+z^2)}{1+x^2}}+y\sqrt{\frac{(1+z^2)(1+x^2)}{1+y^2}}+z\sqrt{\frac{(1+x^2)(1+y^2)}{1+z^2}}$$
$$= x(y+z)+y(z+x)+z(x+y)$$
$$= xy+xz+yz+xy+zx+yz$$
$$= 2(xy+yz+zx) = 2.$$

10- Simplify S.
Obeserve that

$$\frac{1}{(k+1)\sqrt{k}+k\sqrt{k+1}} = \frac{(k+1)\sqrt{k}-k\sqrt{k+1}}{\left[(k+1)\sqrt{k}+k\sqrt{k+1}\right]\left[(k+1)\sqrt{k}-k\sqrt{k+1}\right]}$$
$$= \frac{(k+1)\sqrt{k}-k\sqrt{k+1}}{(k+1)^2\sqrt{k^2}-k^2\sqrt{(k+1)^2}}$$
$$= \frac{(k+1)\sqrt{k}-k\sqrt{k+1}}{k(k+1)^2-k^2(k+1)}$$
$$= \frac{(k+1)\sqrt{k}-k\sqrt{k+1}}{k(k+1)(k+1-k)}$$
$$= \frac{(k+1)\sqrt{k}-k\sqrt{k+1}}{k(k+1)}$$
$$= \frac{(k+1)\sqrt{k}}{k(k+1)} - \frac{k\sqrt{k+1}}{k(k+1)}$$
$$= \frac{\sqrt{k}}{k} - \frac{\sqrt{k+1}}{k+1}.$$

It follows that

$$\frac{1}{2\sqrt{1}+1\sqrt{2}} = \frac{1}{\sqrt{1}} - \frac{1}{\sqrt{2}};$$
$$\frac{1}{3\sqrt{2}+2\sqrt{3}} = \frac{1}{\sqrt{2}} - \frac{1}{\sqrt{3}};$$
$$\frac{1}{4\sqrt{3}+3\sqrt{4}} = \frac{1}{\sqrt{3}} - \frac{1}{\sqrt{4}};$$
$$\vdots$$
$$\frac{1}{(n+1)\sqrt{n}+n\sqrt{n+1}} = \frac{1}{\sqrt{n}} - \frac{1}{\sqrt{n+1}}.$$

Adding the equalities, we obtain $S = \frac{1}{\sqrt{1}} - \frac{1}{\sqrt{n+1}} = 1 - \frac{1}{\sqrt{n+1}}$.

11- Compute S.

Observe that

$$\frac{1}{\sqrt{k}+\sqrt{k+1}} = \frac{1}{\sqrt{k+1}+\sqrt{k}}$$
$$= \frac{\sqrt{k+1}-\sqrt{k}}{\left(\sqrt{k+1}+\sqrt{k}\right)\left(\sqrt{k+1}-\sqrt{k}\right)}$$
$$= \frac{\sqrt{k+1}-\sqrt{k}}{\sqrt{(k+1)^2}-\sqrt{k^2}}$$
$$= \frac{\sqrt{k+1}-\sqrt{k}}{k+1-k}$$
$$= \sqrt{k+1}-\sqrt{k}.$$

It follows that

$$\frac{1}{\sqrt{1}+\sqrt{2}} = \sqrt{2}-\sqrt{1};$$
$$\frac{1}{\sqrt{3}+\sqrt{2}} = \sqrt{3}-\sqrt{2};$$
$$\frac{1}{\sqrt{4}+\sqrt{3}} = \sqrt{4}-\sqrt{3};$$
$$\vdots$$
$$\frac{1}{\sqrt{n}+\sqrt{n+1}} = \sqrt{n+1}-\sqrt{n}.$$

Adding the equalities, we obtan $S = \sqrt{n+1} - \sqrt{1} = \sqrt{n+1} - 1$.

12- Evaluate the expressions:

(a) $\sqrt{1+n^2+\dfrac{n^2}{(n+1)^2}} - \dfrac{n}{n+1}$

We have

$$\sqrt{1+\frac{1}{n^2}+\frac{1}{(n+1)^2}}-\frac{n}{n+1}$$

$$=\sqrt{1+\frac{1}{n^2}+\frac{1}{(n+1)^2}-\frac{2}{n+1}+\frac{2}{n}-\frac{2}{n}+\frac{2}{n+1}}-\frac{n}{n+1}$$

$$=\sqrt{1+\frac{1}{n^2}+\frac{1}{(n+1)^2}-\frac{2}{n+1}+\frac{2}{n}-\frac{2}{n(n+1)}}-\frac{n}{n+1}$$

$$=\sqrt{\left(1+\frac{1}{n}-\frac{1}{n+1}\right)^2}-\frac{n}{n+1}$$

$$=1+\frac{1}{n}-\frac{1}{n+1}-\frac{n}{n+1}$$

$$=1+\frac{1}{n}-\frac{n+1}{n+1}=1+\frac{1}{n}-1=\frac{1}{n}.$$

Consequently, $\sqrt{1+n^2+\dfrac{n^2}{(n+1)^2}}-\dfrac{n}{n+1}=\dfrac{1}{n}.$

(b) From (a), $\sqrt{1+\dfrac{1}{k^2}+\dfrac{1}{(k+1)^2}}=1+\dfrac{1}{k}-\dfrac{1}{k+1}$. It follows that

$$\sqrt{\frac{1}{1^2}+\frac{1}{2^2}+\frac{1}{3^2}}=1+\frac{1}{2}-\frac{1}{3};$$

$$\sqrt{\frac{1}{1^2}+\frac{1}{3^2}+\frac{1}{4^2}}=1+\frac{1}{3}-\frac{1}{4};$$

$$\sqrt{\frac{1}{1^2}+\frac{1}{4^2}+\frac{1}{5^2}}=1+\frac{1}{4}-\frac{1}{5};$$

$$\vdots$$

$$\sqrt{\frac{1}{1^2}+\frac{1}{n^2}+\frac{1}{(n+1)^2}}=1+\frac{1}{n}-\frac{1}{n+1}.$$

Adding the equalities, we obtain

$$S=n+\frac{1}{2}-\frac{1}{n+1}$$

$$=\frac{2n(n+1)+n+1-2}{2(n+1)}$$

$$=\frac{2n^2+2n+n-1}{2(n+1)}$$

$$=\frac{2n^2+3n-1}{2(n+1)}.$$

13- Given that a, b, c, x, y and z are real numbers such that $\dfrac{x^2 - yz}{a} = \dfrac{y^2 - zx}{b} = \dfrac{z^2 - xy}{c}$. Prove that $\dfrac{a^2 - bc}{x} = \dfrac{b^2 - ca}{y} = \dfrac{c^2 - ab}{z}$.

Solution:
Let $\dfrac{x^2 - yz}{a} = \dfrac{y^2 - zx}{b} = \dfrac{z^2 - xy}{c} = k.$

It follows that $a = \dfrac{x^2 - yz}{k}, b = \dfrac{y^2 - zx}{k}$ and $c = \dfrac{z^2 - xy}{k}.$

We have

$$a^2 - bc = \left(\dfrac{x^2 - yz}{k}\right)^2 - \left(\dfrac{y^2 - zx}{k}\right)\left(\dfrac{z^2 - xy}{k}\right)$$

$$= \dfrac{x^4 - 2x^2yz + y^2z^2}{k^2} - \dfrac{y^2z^2 - xy^3 - xz^3 + x^2yz}{k^2}$$

$$= \dfrac{x^4 - 2x^2yz + y^2z^2 - y^2z^2 + xy^3 + xz^3 - x^2yz}{k^2}$$

$$= \dfrac{x^4 - 3x^2yz + xy^3 + xz^3}{k^2}$$

$$= \dfrac{x(x^3 + y^3 + z^3 - 3xyz)}{k^2}.$$

Then $\dfrac{a^2 - bc}{x} = \dfrac{x^3 + y^3 + z^3 - 3xyz}{k^2}.$

Similarly, $\dfrac{b^2 - ca}{x} = \dfrac{x^3 + y^3 + z^3 - 3xyz}{k^2}$ and $\dfrac{c^2 - ab}{z} = \dfrac{x^3 + y^3 + z^3 - 3xyz}{k^2}.$

Therefore, $\dfrac{a^2 - bc}{x} = \dfrac{b^2 - ca}{y} = \dfrac{c^2 - ab}{z}.$

14- Let x, y and z are real numbers such that $xyz = 1$. Prove that

$$\dfrac{1}{1 + x + xy} + \dfrac{1}{1 + y + yz} + \dfrac{1}{1 + z + zx} = 1.$$

Solution:
We have

$$\dfrac{1}{1 + x + xy} + \dfrac{1}{1 + y + yz} + \dfrac{1}{1 + z + zx}$$

$$= \dfrac{z}{z + zx + xyz} + \dfrac{xz}{xz + xyz + xyz^2} + \dfrac{1}{1 + z + zx}$$

$$= \dfrac{z}{z + zx + 1} + \dfrac{xz}{xz + 1 + z} + \dfrac{1}{1 + z + zx}$$

$$= \dfrac{1 + z + zx}{1 + z + zx} = 1.$$

15- Given that $\dfrac{x^4}{a} + \dfrac{y^4}{b} = \dfrac{1}{a+b}$ and $x^2 + y^2 = 1$. Prove that $\dfrac{x^{2n}}{a^n} + \dfrac{y^{2n}}{b^n} = \dfrac{2}{(a+b)^n}.$

Solution:

Since $\dfrac{x^4}{a} + \dfrac{y^4}{b} = \dfrac{1}{a+b}$ and $x^2 + y^2 = 1$, it follows that

$$\dfrac{x^4}{a} + \dfrac{y^4}{b} = \dfrac{(x^2+y^2)^2}{a+b}$$

$$(a+b)\left(\dfrac{x^4}{a} + \dfrac{y^4}{b}\right) = (x^2+y^2)^2$$

$$x^4 + \dfrac{a}{b}y^4 + \dfrac{b}{a}x^4 + y^4 = x^4 + 2x^2y^2 + y^4$$

$$\dfrac{b}{a}x^4 - 2x^2y^2 + \dfrac{a}{b}y^4 = 0$$

$$\left(\sqrt{\dfrac{b}{a}}x^2\right)^2 - 2\left(\sqrt{\dfrac{b}{a}}x^2\right)\left(\sqrt{\dfrac{a}{b}}y^2\right) + \left(\sqrt{\dfrac{a}{b}}y^2\right)^2 = 0$$

$$\left(\sqrt{\dfrac{b}{a}}x^2 - \sqrt{\dfrac{a}{b}}y^2\right)^2 = 0$$

$$\sqrt{\dfrac{b}{a}}x^2 - \sqrt{\dfrac{a}{b}}y^2 = 0$$

$$bx^2 - ay^2 = 0$$

$$bx^2 = ay^2.$$

It implies that $\dfrac{x^2}{a} = \dfrac{y^2}{b} = \dfrac{x^2+y^2}{a+b} = \dfrac{1}{a+b}$.

We obtain $\dfrac{x^{2n}}{a^n} = \dfrac{y^{2n}}{b^n} = \dfrac{1}{(a+b)^n}$.

Therefore, $\dfrac{x^{2n}}{a^n} + \dfrac{y^{2n}}{b^n} = \dfrac{2}{(a+b)^n}$.

16- Given that $x = \dfrac{a-b}{a+b}, y = \dfrac{b-c}{b+c}$ and $z = \dfrac{c-a}{c+a}$. Prove that

$$(1+x)(1+y)(1+z) = (1-x)(1-y)(1-z).$$

Solution:
We have

$$1+x = 1 + \dfrac{a-b}{a+b} = \dfrac{a+b+a-b}{a+b} = \dfrac{2a}{a+b},$$

$$1+y = 1 + \dfrac{b-c}{b+c} = \dfrac{b+c+b-c}{b+c} = \dfrac{2b}{b+c},$$

and $1+z = 1 + \dfrac{c-a}{c+a} = \dfrac{c+a+c-a}{c+a} = \dfrac{2c}{c+a}.$

It follows that $(1+x)(1+y)(1+z) = \left(\dfrac{2a}{a+b}\right)\left(\dfrac{2b}{b+c}\right)\left(\dfrac{2c}{c+a}\right)$
or
(1) $\qquad (1+x)(1+y)(1+z) = \dfrac{8abc}{(a+b)(b+c)(c+a)}.$

Moreover,
$$1-x = 1 - \dfrac{a-b}{a+b} = \dfrac{a+b-a+b}{a+b} = \dfrac{2b}{a+b};$$
$$1-y = 1 - \dfrac{b-c}{b+c} = \dfrac{b+c-b+c}{b+c} = \dfrac{2c}{b+c};$$
and
$$1-z = 1 - \dfrac{c-a}{c+a} = \dfrac{c+a-c+a}{c+a} = \dfrac{2a}{c+a}.$$

We obtain $(1-x)(1-y)(1-z) = \left(\dfrac{2b}{a+b}\right)\left(\dfrac{2c}{b+c}\right)\left(\dfrac{2a}{c+a}\right)$
or
(2) $\qquad (1-x)(1-y)(1-z) = \dfrac{8abc}{(a+b)(b+c)(c+a)}.$

From (1) and (2), we obtain $(1+x)(1+y)(1+z) = (1-x)(1-y)(1-z)$.

17- Let a, b and c be three distinct real numbers. Prove that
$$\dfrac{a+b}{a-b}\dfrac{b+c}{b-c} + \dfrac{c+a}{c-a}\dfrac{b+c}{b-c} + \dfrac{c+a}{c-a}\dfrac{a+b}{a-b} = 1.$$

Solution:
Let $x = \dfrac{a+b}{a-b}, y = \dfrac{b+c}{b-c}$ and $z = \dfrac{c+a}{c-a}.$
We obtain
$$1+x = 1 + \dfrac{a+b}{a-b} = \dfrac{a-b+a+b}{a-b} = \dfrac{2a}{a-b};$$
$$1+y = 1 + \dfrac{b+c}{b-c} = \dfrac{b-c+b+c}{b-c} = \dfrac{2b}{b-c};$$
and
$$1+z = 1 + \dfrac{c+a}{c-a} = \dfrac{c-a+c+a}{c-a} = \dfrac{2c}{c-a}.$$

It follows that $(1+x)(1+y)(1+z) = \left(\dfrac{2a}{a-b}\right)\left(\dfrac{2b}{b-c}\right)\left(\dfrac{2c}{c-a}\right)$
(1) $\qquad (1+x)(1+y)(1+z) = \dfrac{8abc}{(a-b)(b-c)(c-a)}.$

Moreover,
$$x-1 = \dfrac{a+b}{a-b} - 1 = \dfrac{a+b-a+b}{a-b} = \dfrac{2b}{a-b};$$
$$y-1 = \dfrac{b+c}{b-c} - 1 = \dfrac{b+c-b+c}{b-c} = \dfrac{2c}{b-c};$$
and
$$z-1 = \dfrac{c+a}{c-a} - 1 = \dfrac{c+a-c+a}{c-a} = \dfrac{2a}{c-a}.$$

We obtain $(x-1)(y-1)(z-1) = \left(\dfrac{2a}{a-b}\right)\left(\dfrac{2b}{b-c}\right)\left(\dfrac{2c}{c-a}\right)$

(2) $\qquad (x-1)(y-1)(z-1) = \dfrac{8abc}{(a-b)(b-c)(c-a)}.$

From (1) and (2), it implies that

$$(x+1)(y+1)(z+1) = (x-1)(y-1)(z-1)$$
$$(1+x)(1+y)(1+z) = -(1-x)(1-y)(1-z)$$
$$1 + (x+y+z) + (xy+yz+zx) + xyz = -[1-(x+y+z)+(xy+yz+zx)-xyz]$$
$$1 + (x+y+z) + (xy+yz+zx) + xyz = -1 + (x+y+z) - (xy+yz+zx) + xyz$$
$$2(xy+yz+zx) = -2$$
$$xy+yz+zx = -1.$$

Therefore, $\dfrac{a+b}{a-b}\dfrac{b+c}{b-c} + \dfrac{c+a}{c-a}\dfrac{b+c}{b-c} + \dfrac{c+a}{c-a}\dfrac{a+b}{a-b} = 1.$

18- Given that $x+y = a+b$ and $x^2+y^2 = a^2+b^2$. Prove that $x^n+y^n = a^n+b^n$ for all natural number n.

Solution:
We have $x^2+y^2 = a^2+b^2$. Then

$$x^2 - a^2 + y^2 - b^2 = 0$$
$$(x-a)(x+a) + (y-b)(y+b) = 0.$$

Since $x+y = a+b$, it follows that $x-a = b-y$.
We obtain

$$(b-y)(x+a) + (y-b)(y+b) = 0$$
$$-(y-b)(x+a) + (y-b)(y+b) = 0$$
$$(y-b)[-(x+a) + y + b] = 0$$
$$(y-b)(-x-a+y+b) = 0.$$

Consequently, $\begin{bmatrix} y-b=0 \\ -x-a+y+b=0 \end{bmatrix}$ or $\begin{bmatrix} y=b \\ x-y=b-a \end{bmatrix}$.

In case, $y = b$, it follows that $x = a$. Then $x^n + y^n = a^n + b^n$.
In case, $x-y = b-a$, it follows that $\begin{cases} x-y = b-a \\ x+y = a+b \end{cases}$. Solve the equation system, we obtain $x = b$ and $y = a$.
Thus, $x^n + y^n = a^n + b^n$.

19- Given that $a > b > 0$ and satisfy $3a^2 + 3b^2 = 10ab$. Compute $A = \dfrac{a-b}{a+b}$.

Solution:
We have $3a^2 + 3b^2 = 10ab$. Then $a^2 + b^2 = \dfrac{10}{3}ab$.

It follows that
$$A^2 = \left(\frac{a-b}{a+b}\right)^2$$
$$= \frac{(a-b)^2}{(a+b)^2}$$
$$= \frac{a^2 - 2ab + b^2}{a^2 + 2ab + b^2}$$
$$= \frac{a^2 + b^2 - 2ab}{a^2 + b^2 + 2ab}$$
$$= \frac{\frac{10}{3}ab - 2ab}{\frac{10}{3}ab + 2ab}$$
$$= \frac{\frac{10ab - 6ab}{ab}}{\frac{10ab + 6ab}{ab}}$$
$$= \frac{4ab}{16ab} = \frac{1}{4}.$$

We obtain $A = \pm \frac{1}{2}$. However, $A > 0$.
Consequently, $A = \frac{1}{2}$.

20- Given x, y and z be three real numbers that satisfy $x + y + z = 0$ and $x^2 + y^2 + z^2 = a^2$. Find $x^4 + y^4 + z^4$ in terms of a.

Solution:
We have $x + y + z = 0$ or $y + z = -x$.
Then $(y+z)^2 = (-x)^2$ or $y^2 + 2yz + z^2 = x^2 = 0$.
It follows that
$$y^2 + z^2 - x^2 = -2yz$$
$$\left(y^2 + z^2 - x^2\right)^2 = (-2yz)^2$$
$$y^4 + z^4 + x^4 - 2x^2y^2 - 2x^2z^2 + 2y^2z^2 = 4y^2z^2$$
$$x^4 + y^4 + z^4 = 4y^2z^2 + 2x^2y^2 + 2x^2z^2 - 2y^2z^2$$
$$x^4 + y^4 + z^4 = 2y^2z^2 + 2x^2y^2 + 2x^2z^2$$
$$2\left(x^4 + y^4 + z^4\right) = x^4 + y^4 + z^4 + 2x^2y^2 + 2y^2z^2 + 2z^2x^2$$
$$2\left(x^4 + y^4 + z^4\right) = \left(x^2 + y^2 + z^2\right)^2.$$

Since $x^2 + y^2 + z^2 = a^2$, we obtain $2(x^4 + y^4 + z^4) = (a^2)^2 = a^4$.
Therefore, $x^4 + y^4 + z^4 = \frac{a^4}{2}$.

21- Compute $P = \left(1 - \frac{4}{1}\right)\left(1 - \frac{4}{9}\right)\left(1 - \frac{4}{25}\right)\cdots\left[1 - \frac{4}{(2n-1)^2}\right]$.

Solution:

Observe that

$$1 - \frac{4}{(2k-1)^2} = \frac{(2k-1)^2 - 4}{(2k-1)^2}$$
$$= \frac{(2k-1)^2 - 2^2}{(2k-1)^2}$$
$$= \frac{(2k-1-2)(2k-1+2)}{(2k-1)^2}$$
$$= \frac{(2k-3)(2k+1)}{(2k-1)^2}$$
$$= \frac{2k-3}{2k-1} \times \frac{2k+1}{2k-1}.$$

It follows that

$$1 - \frac{4}{1} = \frac{-1}{1} \times \frac{3}{1};$$
$$1 - \frac{4}{9} = \frac{1}{3} \times \frac{5}{3};$$
$$1 - \frac{4}{25} = \frac{3}{5} \times \frac{7}{5};$$
$$\vdots$$
$$1 - \frac{4}{(2n-1)^2} = \frac{2n-3}{2n-1} \times \frac{2n+1}{2n-1}.$$

Consequently,

$$\left(1 - \frac{4}{1}\right)\left(1 - \frac{4}{9}\right)\left(1 - \frac{4}{25}\right)\cdots\left[1 - \frac{1}{(2n-1)^2}\right]$$
$$= \left(-\frac{1}{1} \times \frac{1}{3} \times \frac{3}{5} \times \ldots \times \frac{2n-3}{2n-1}\right) \times \left(\frac{3}{1} \times \frac{5}{3} \times \frac{7}{5} \times \ldots \times \frac{2n+1}{2n-1}\right)$$
$$= \left(-\frac{1}{2n-1}\right)\left(\frac{2n+1}{1}\right) = -\frac{2n+1}{2n-1}.$$

22- Find the value of

$$M = \frac{1+2}{2} + \frac{1+2+3}{2^2} + \frac{1+2+3+4}{2^3} + \frac{1+2+3+4+5}{2^4} + \ldots \; .$$

Solution:
Find the value of M.
We have

(1) $\quad M = \frac{1+2}{2} + \frac{1+2+3}{2^2} + \frac{1+2+3+4}{2^3} + \frac{1+2+3+4+5}{2^4} + \ldots \; .$

165

Then

(2) $$\frac{M}{2} = \frac{1+2}{2^2} + \frac{1+2+3}{2^3} + \frac{1+2+3+4}{2^4} + \frac{1+2+3+4+5}{2^5} + \cdots .$$

Subtract (1) by (2), it follows that $M - \frac{M}{2} = \frac{1+2}{2} + \frac{3}{2^2} + \frac{4}{2^3} + \frac{5}{2^4} + \cdots .$
Then

(3) $$\frac{M}{2} = \frac{3}{2} + \frac{3}{2^2} + \frac{4}{2^3} + \frac{5}{2^4} + \cdots .$$

Moreover,

(4) $$\frac{M}{4} = \frac{3}{2^2} + \frac{3}{2^3} + \frac{4}{2^4} + \frac{5}{2^5} + \cdots .$$

Subtract (3) by (4), we obtain

$$\frac{M}{2} - \frac{M}{4} = \frac{3}{2} + 0 + \frac{1}{2^3} + \frac{1}{2^4} + \frac{1}{2^5} + \cdots$$

or

$$\frac{M}{4} = \frac{3}{2} + \frac{\frac{1}{2^3}}{1 - \frac{1}{2}} = \frac{3}{2} + \frac{1}{4} = \frac{7}{4}.$$

Thus, $M = 7$.

Made in the USA
Middletown, DE
23 January 2019